Leon Battista Alberti (1404 – 1472)

F. Rehbock

Geometrische Perspektive

Zweite Auflage

Mit 80 Figurenseiten

Springer-Verlag
Berlin Heidelberg New York 1980

Prof. Dr. Fritz Rehbock
Technische Universität Braunschweig
3300 Braunschweig

ISBN 3-540-09859-3 Springer-Verlag Berlin Heidelberg New York
ISBN 0-387-09859-3 Springer-Verlag New York Heidelberg Berlin

ISBN 3-540-09053-3 1. Auflage Springer-Verlag Berlin Heidelberg New York
ISBN 0-387-09053-3 1st edition Springer-Verlag New York Heidelberg Berlin

CIP-Kurztitelaufnahme der Deutschen Bibliothek
Rehbock, Fritz: Geometrische Perspektive/F. Rehbock - 2. Aufl. -
Berlin, Heidelberg, New York: Springer, 1980.
ISBN 3-540-09859-3 (Berlin, Heidelberg, New York)
ISBN 0-387-09859-3 (New York, Heidelberg, Berlin)

Das Werk ist urheberrechtlich geschützt. Die dadurch begründeten Rechte,
insbesondere die der Übersetzung, des Nachdruckes, der Entnahme von Abbildungen, der Funksendung, der Wiedergabe auf photomechanischem oder ähnlichem
Wege und der Speicherung in Datenverarbeitungsanlagen bleiben, auch bei nur
auszugsweiser Verwertung, vorbehalten. Bei Vervielfältigungen für gewerbliche
Zwecke ist gemäß § 54 UrhG eine Vergütung an den Verlag zu zahlen, deren Höhe
mit dem Verlag zu vereinbaren ist.

© by Springer-Verlag Berlin Heidelberg 1979, 1980
Printed in Germany

Satzarbeiten: Beltz, Hemsbach/Bergstr., Druck: fotokop · wilhelm weihert · darmstadt,
Bindearbeiten: K. Triltsch, Würzburg.
2144/3140-543210

Vorwort zur ersten Auflage

Lassen sich Probleme der anschaulichen Geometrie, also auch der geometrischen Perspektive für mathematisch nicht geschulte Leser darstellen? Das erscheint möglich, wenn die nötigen Figuren so klar erläutert und so ausführlich beschriftet sind, daß der Leser sie nach sorgfältiger, liebevoller Betrachtung „durchschaut" und – im Idealfall – zur Herstellung von Modellen verleitet wird. Eine solche Darstellung fehlte seit langem; die vorliegende soll lediglich zu den vier einfachen Grundproblemen der geometrischen Perspektive hinführen, um die sich Künstler der Renaissance vergeblich, Mathematiker des 17. und 18. Jahrhunderts mit Erfolg bemüht haben.

Jede Textseite behandelt ein abgeschlossenes Thema. Die dazugehörigen Figuren stehen daneben auf der rechten Seite, nur in einigen Ausnahmefällen auf den drei folgenden Seiten. Der letzte Abschnitt bringt als Lese- und Denkaufgaben Beispiele ohne Erläuterungen. Hinweise auf Textseiten stehen in runden, auf Figurenseiten in eckigen Klammern.

Gewidmet sei das Büchlein als Erinnerung den früh verstorbenen Gefährten und Freunden, die im Gespräch, im Unterricht und in Vorlesungen stets lebhaften Anteil an der anschaulichen Geometrie nahmen:

Elisabeth Rehbock-Verständig (1897-1944),
Günther Schulz (1903-1962),
Frank Löbell (1893-1964) und
Ernst August Weiß (1900-1942).

Braunschweig, 16. Juli 1978

Fritz Rehbock

Vorwort zur zweiten Auflage

In der zweiten Auflage wurden Druckfehler verbessert und auf einigen Textseiten kurze ergänzende Bemerkungen oder Fußnoten hinzugefügt. Dankbar bin ich meinem früheren Mitarbeiter Professor Dr. Robert Jakobi in Mainz: Er überprüfte gewissenhaft und liebevoll jede Text- und Bildseite.

Braunschweig, 16. Juli 1979　　　　　　　　　　Fritz Rehbock

Die Originalfiguren und die auf ihnen angegebenen Maßstäbe und Distanzen wurden für den Druck 0,65fach verkleinert. Bei ihrer Ausgestaltung halfen Frau Brigitte Biere-Kremling und der Architekturstudent Knut Stender, beim Korrekturlesen Frau Christa Straus. Ihnen und den Mitarbeitern des Springer-Verlages sei herzlich gedankt. – Die sechs Studienarbeiten [7.7] entstanden in den Übungen meines Kollegen Prof. Dr.-Ing. Böhm.

Inhaltsverzeichnis

1. **Die Zentralprojektion** 1
   - 1.1 Aufgabe der geometrischen Perspektive 2
   - 1.2 Bezeichnungen 4
   - 1.3 Zentralbilder 6
   - 1.4 Schatten und Lichtbild 8
   - 1.5 Die Distanz 10
   - 1.6 Verzerrungen 12
   - 1.7 Grundprobleme 14
   - 1.8 Parallele und rechtwinklige Geraden 16
   - 1.9 Winkel und Strecken von gegebener Größe 18
   - 1.10 Kurze historische Übersicht 20

2. **Parallele Geraden und Ebenen** 23
   - 2.1 Der Fluchtpunkt 24
   - 2.2 Der Verschwindungspunkt 26
   - 2.3 Die Fluchtlinie 28
   - 2.4 Die Verschwindungslinie 30
   - 2.5 Spezielle Geraden 32
   - 2.6 Spezielle Ebenen 34
   - 2.7 Ein Beispiel für Breitenebenen 36
   - 2.8 Ein Beispiel für Tiefenebenen 38
   - 2.9 Verschieben und Teilen von Strecken 40
   - 2.10 Das Verschneiden von Ebenen 42

3. **Rechtwinklige Geraden und Ebenen** 45
   - 3.1 Normalen und Normalebenen 46
   - 3.2 N-Fluchtpunkt und N-Fluchtlinie 48
   - 3.3 Fluchtdreieck eines Achsenkreuzes 50
   - 3.4 Bild eines Quaders in allgemeiner Lage 52
   - 3.5 Ausgeartete Fluchtdreiecke 54
   - 3.6 Front- und Eckansichten 56

3.7	Kippansichten	58
3.8	Vogel- und Froschperspektive	60

4.	**Winkelmessung**	**63**
4.1	Der Winkelmeßpunkt	64
4.2	Der Drehsehnenfluchtpunkt	66
4.3	Winkel in Tiefenebenen	68
4.4	Winkel in vertikalen und geneigten Ebenen	70
4.5	Figuren in Wänden	72
4.6	Figuren in Horizontalebenen	74
4.7	Figuren in geneigten Ebenen	76
4.8	Theoretisches Intermezzo: Die Perspektivität	78

5.	**Streckenmessung**	**81**
5.1	Der Streckenmeßpunkt	82
5.2	Einzeichnen und Messen von Strecken	84
5.3	Achsenmaßstäbe für Eckansichten	90
5.4	Beispiele	96
5.5	Kippansichten	100
5.6	Bild eines Kreises	102
5.7	Ausmessen und Ergänzen von Bildern	104
5.8	Rechnerische Methoden	106

6.	**Anwendungen und Ergänzungen**	**109**
6.1	Schattenkonstruktionen	110
6.2	Die Ellipse als Kreisbild	112
6.3	Die Hyperbel als Kreisbild	114
6.4	Ellipsenkonstruktionen	116
6.5	Hyperbel- und Parabelkonstruktionen	118
6.6	Das Aufbauverfahren	120
6.7	Das Schichtenverfahren	122
6.8	Gebundene Perspektive	126

7.	**Bilder ohne Texte – Anregungen**	**129**
7.1	Leon Battista Alberti	131
7.2	Sonnenschatten	132

7.3 Schwimmbad – Frontansicht 134
7.4 Holstentor in Lübeck – Eckansicht 136
7.5 Ausstellungshalle und Brücke – Eckansicht ... 138
7.6 Hochhaus – Kippansicht 140
7.7 Sechs Studienblätter 142
7.8 David Gilly und Karl Friedrich Schinkel 148

Literaturauswahl 150
Sach- und Namenverzeichnis 152
Bezeichnungen 155

1. Die Zentralprojektion

1.1 Aufgabe der geometrischen Perspektive

Die Aufgabe der geometrischen Perspektive läßt sich an Hand der schönen Holzschnitte erläutern, auf denen Dürer um das Jahr 1525 das Entstehen eines perspektiven Bildes dargestellt hat. Ein fest gewählter Punkt, der *Augpunkt* [oben eine Öse an der rechten Wand], wird durch einen gespannten Faden mit einem Punkt des abzubildenden Gegenstandes verbunden. Dann ist die Stelle auf dem Faden aufzusuchen, die in einer zwischen Gegenstand und Augpunkt aufgestellten, durch vier Kanten eines Rahmens festgelegten *Bildebene* liegt. Dazu werden in dem Rahmen ein waagerechter und ein lotrechter Faden oder Draht so weit verschoben, bis beide jenen Spannfaden berühren. Den so gefundenen *Durchstoßpunkt* des Fadens mit der Bildebene, den *Bildpunkt,* überträgt man nach Fortnehmen des Spannfadens auf eine Zeichentafel, die um ein Scharnier in den Rahmen geklappt werden kann. Schließlich verbindet man freihändig die Bilder der wichtigsten, mit dem Fadenende erreichbaren, also vom Augpunkt aus sichtbaren Gegenstandspunkte.

Auf anderen Holzschnitten [z.B. unten] fixiert der Zeichner durch Anvisieren des Objektpunktes von einem festen Augpunkt aus die Stelle auf einer Glastafel oder in einem Fadennetz, dem *Flor,* die sich mit diesem Objektpunkt zu decken scheint, und überträgt sie in ein Netz des Zeichenblattes.

Ein so hergestelltes *Zentralbild* macht auf einen Betrachter nur dann den Eindruck, den der Zeichner hatte oder erstrebte, wenn das Auge genau an die Stelle des gewählten Augpunktes gebracht wird. Diese läßt sich leicht wiederfinden, wenn auf dem Bilde der Fußpunkt des vom Augpunkt auf die Tafel gefällten Lotes, der sogenannte *Hauptpunkt,* markiert wurde und wenn außerdem dessen Abstand vom Augpunkt, die *Distanz,* bekannt ist.

Die Dürersche Durchstoßmethode dient nur dazu, die räumliche Entstehung eines Zentralbildes zu erklären. Der Architekt, der zunächst kein Modell des geplanten Bauwerkes zur Verfügung hat, will aber allein aus der Vorstellung heraus durch *direkte Konstruktionen in der Zeichenebene,* die die Rolle der Bildebene spielt, nicht also durch den geschilderten Umweg, ein perspektives Bild entwerfen. Solche Konstruktionen bilden den Inhalt der geometrischen Perspektive.

Albrecht Dürer (1471 - 1528) 1.1

1.2 Bezeichnungen

An den abzubildenden Objekten treten als einfachste geometrische Bestandteile Punkte, geradlinige Kanten und ebene Flächenstücke auf. Wir bezeichnen Punkte mit großen lateinischen, Geraden mit kleinen lateinischen und Ebenen mit kleinen griechischen Buchstaben. In den Skizzen sind Geraden und Ebenen durch endliche begrenzte Stücke, z.B. Hauskanten, Wände und Platten dargestellt. Diese sind aber über die Endpunkte und Umrandungen hinaus unbegrenzt verlängert bzw. erweitert zu denken. Das Hausmodell [oben] deutet das an für die Wand α und die Dachebene β und veranschaulicht einige geometrische Grundbegriffe.

1. Denken wir uns parallele Modellkanten nach beiden Richtungen verlängert, z.B. die vertikalen, so entsteht eine Schar paralleler Geraden, die im Endlichen keinen gemeinsamen Punkt besitzen. Sie treffen sich – so besagt ein Axiom – im Unendlichen, sie haben dort genau *einen* gemeinsamen Punkt, ihren *Fernpunkt*.

2. Zwei nicht parallele Ebenen besitzen stets eine *Schnittgerade;* z.B. schneiden sich die Giebelwand α und die Dachebene β in der *Fallinie* f, die beiden Dachebenen in der *Firstkante* h. Dagegen besitzen zwei parallele Ebenen im Endlichen keine gemeinsamen Punkte, wohl aber – so wollen wir wieder sagen – im Unendlichen eine gemeinsame Gerade, kurz: eine *Ferngerade;* z.B. schneiden sich die parallelen Giebelwände α und γ in einer Ferngeraden.

3. Eine Ebene und eine zu ihr nicht parallele Gerade, die auch nicht in der Ebene liege, besitzen stets einen *Schnittpunkt;* so schneiden sich die Wand α und die Firstkante h im Punkte A. Sind die Ebene und die Gerade ∥, so liegt der gemeinsame Punkt im Unendlichen, er ist der *Fernpunkt* der Geraden. Z.B. treffen sich die Wand α und die Fallinie e in einem Fernpunkt.

Den *Augpunkt* (1.1) bezeichnen wir mit O, dem Anfangsbuchstaben von oculus = Auge, die stets unbegrenzt zu denkende *Bildebene* mit π. Sie ist oft mit Geraden und Ebenen zu schneiden [unten]. Daher führt man zwei neue Namen ein: Der Schnittpunkt einer Geraden g mit der Tafel π heißt der *Spurpunkt* G von g, die Schnittgerade einer Ebene ϵ mit π die *Spur* e von ϵ. Liegt die Gerade g in der Ebene ϵ, so liegt der Spurpunkt G auf der Spur e. Geraden und Ebenen, die ∥ zur Bildtafel π sind, heißen *Frontgeraden* und *Frontebenen*. Sie treffen π erst im Unendlichen.

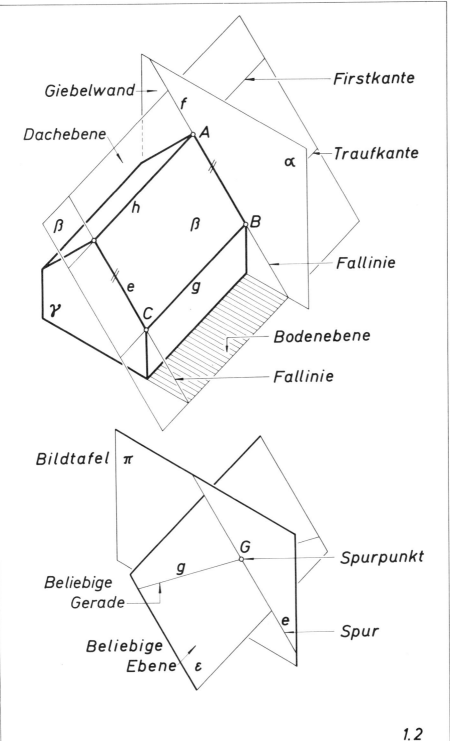

1.2

1.3 Zentralbilder

Je nach Größe und Lage des abzubildenden Objekts wählt man an geeigneten Stellen die *Bildtafel* π vertikal oder geneigt und den *Augpunkt* O (nicht in π). Die Geraden durch O [oben] heißen *Projektions-, Seh-* oder kurz *O-Strahlen*. Mit ihnen projizieren wir das Objekt punktweise auf π, d.h. wir ordnen jedem von O verschiedenen Punkt P als Zentralbild P' in der Tafel π den Spurpunkt des Strahles OP zu. Nur der Punkt O erhält kein Bild. Jeder Punkt in π fällt mit seinem Bild zusammen. Man sagt, P liegt *vor* π, wenn die Punkte P und O auf derselben Tafelseite liegen, *hinter* π, wenn sie durch die Tafel getrennt werden.

Deuten wir O als Auge und die Bildebene π als Glastafel, auf der ein Liniennetz markiert ist, so läßt sich die Stelle P', die sich mit einem hinter π liegenden Punkt P zu decken scheint, in das Netz eines Zeichenblattes übertragen. Solche Netze, Fadengitter oder *Flore* benutzten beim Herstellen ihrer Bilder der italienische Künstler *Leon Battista Alberti* (1404-1472), der sie in einem Buche über die Malerei erwähnt, und *Albrecht Dürer* (1471-1528), der sie auf vielen Holzschnitten zeigt [1.1].

Die zur Tafel π parallele Ebene durch den Augpunkt O heißt die *Verschwindungsebene* π_v [Mitte]. Denn ein beliebiger von O verschiedener Punkt P in dieser Ebene erhält kein im Endlichen liegendes Bild, weil sein Sehstrahl $\parallel \pi$ ist: Der Bildpunkt ist im Unendlichen „verschwunden". Deshalb soll der Gegenstand so stehen, daß er keine *Verschwindungspunkte* in π_v besitzt, für einen Zeichner z.B. möglichst ganz hinter der Bildebene.

Durchläuft der Punkt P eine Strecke, die die Verschwindungsebene nicht trifft und die auf keinem Sehstrahl liegt [oben], so dreht sich der Sehstrahl OP in der Verbindungsebene der Strecke mit O, einer *Sehebene*. Diese schneidet in der Tafel π eine Gerade und daher als Bild der Strecke wieder eine Strecke aus, auf einer gewölbten Bildfläche [unten] aber i.a. ein Kurvenstück. Beim Bemalen eines Kugelgewölbes lassen sich z.B. gerade Kanten nur durch Kreisstücke darstellen, da die Sehebene die Kugel stets in einem Kreis schneidet; auch der auf eine Kugel fallende Schatten einer Strecke ist ein Kreisbogen. Deshalb nennt man die Zentralprojektion auf eine Ebene eine *lineare,* die Projektion auf eine gekrümmte Fläche eine *nichtlineare Abbildung* des Raumes.

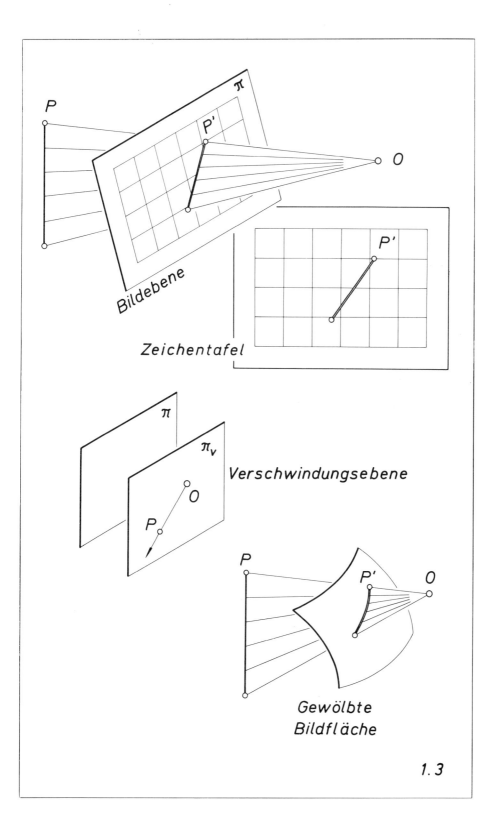

1.4 Schatten und Lichtbild

Liegt der Punkt P zwischen dem Zentrum O und der Bildebene π, so kann man O als punktförmige Lichtquelle, den Strahl OP als *Lichtstrahl* und den Bildpunkt P' als Schatten von P in der schattenfangenden Ebene π deuten [oben]: Die Schatten, die ein leuchtender Punkt auf Wände, Fußboden und Tische wirft, sind Zentralbilder. Auf einer horizontalen Tischplatte denke man sich neben einer Kerze dünne Stäbe, die niedriger als die Kerze sind, vertikal aufgestellt. Die Lichtstrahlen, die die Stäbe treffen, bilden deren *Lichtebenen,* die die Schatten der Stäbe ausschneiden. Da diese Ebenen ebenfalls vertikal sind, gehen sie durch den Kerzfußpunkt, d.h. den Fußpunkt des vom Lichtpunkt O auf die Ebene π gefällten Lotes. Das ist aber der in unserer einleitenden Betrachtung 1.1 eingeführte *Hauptpunkt* in der Bildebene. Die Schattenbilder der zur schattenfangenden Ebene senkrechten und daher zueinander parallelen Stäbe sind also nicht wieder ∥, ihre Verlängerungen laufen durch diesen Hauptpunkt, eine für die Zentralprojektion wichtige Erscheinung.

Die in 1.3 eingeführte Verschwindungsebene π_v ist jetzt die Horizontalebene durch den Punkt O. Wäre ein Stab ebenso hoch wie die Kerze, läge also sein Kopfpunkt in der Verschwindungsebene, so wäre dessen Lichtstrahl horizontal und würde π erst im Unendlichen treffen: Der Schatten P' wäre „verschwunden".

Bei einer Kamera ist die Bildebene π die Film- oder Mattscheibenebene und das Zentrum O der Objektivmittelpunkt, der jetzt zwischen dem Urbild P und seinem Bilde P' liegt [Mitte]. Daher steht das Bild einer vertikalen Kante auf dem Kopf. Will man ein Zimmer so fotografieren, daß die Filmebene ∥ zu einer Wand, also ⊥ zu zwei Fußboden- und zwei Deckenkanten ist, so gehen — wie man sich durch Aufstellen einer Kamera anschaulich klar mache — die Sehebenen jener vier Kanten durch den *Hauptpunkt* der Abbildung, nämlich den Fußpunkt des Lotes vom Zentrum O auf die Filmebene. Diese Sehebenen schneiden aber auf dem Film die Bildgeraden aus. Daher laufen auch im fotografischen Bilde [unten] die zur Bildtafel π senkrechten Kanten durch jenen Hauptpunkt H, genau wie bei den Schattenbildern. Er „sammelt" — so werden wir allgemein erkennen — die Bilder aller zur Tafel senkrechten Geraden, wie jene *Frontansicht* zeigt.

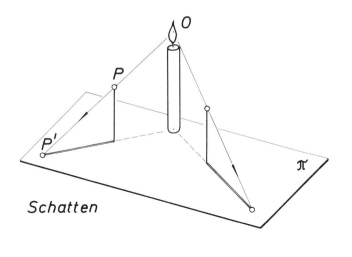
Schatten

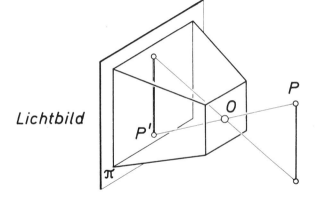
Lichtbild

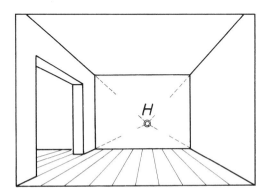
Frontansicht

1.4

1.5 Die Distanz

Der zu Tafel π senkrechte Sehstrahl heißt der *Hauptstrahl* h, sein Spurpunkt der *Hauptpunkt* H und der Abstand des Augpunktes O von π die *Distanz* d [oben]. Von der Stelle O aus erkennt ein Auge mit der Blickrichtung OH nur die Dinge, die in einem gewissen *Sehkegel* mit der Spitze O und der Achse h liegen; er schneidet in π einen Kreis mit dem Mittelpunkt H aus, den *Sehkreis*. Die Erfahrung lehrt, daß dessen Radius gleich der halben Distanz ist, für die meisten Augen sogar etwas größer. Der Sehkreis umschließt wie eine Blende die Bilder der Objekte, die ein ruhiges Auge wahrnimmt. Darf das Auge sich bei fester Kopfstellung bewegen, also Raum und Bildfeld abtasten, so wird die Kegelöffnung 90°: Der Kegelkreis in π hat jetzt den Radius d und heißt deshalb der *Distanzkreis*. Seh- und Distanzkreis erscheinen in der mittleren Figur als Strecken zwischen den schwarz markierten bzw. den „genullten" Punkten. Damit ein Zentralbild von O aus als Ganzes überblickt werden kann, soll es also möglichst im Sehkreis, stets aber im Distanzkreis liegen. Außerhalb des Sehkreises wirkt es verzerrt, wie die drei Bilder in 1.6 zeigen.

Im allgemeinen ist ein rechteckiger Bildrand durch das Zeichenblatt oder einen Rahmen vorgeschrieben. Dann wählt man zunächst in dessen Innern den Hauptpunkt H [unten], auf den ja nach Fertigstellung des Bildes der Blick gerichtet sein soll, und bestimmt als Sehkreis einen möglichst kleinen Kreis um H, der das Rechteck ganz überdeckt oder nur Eckzipfel frei läßt: Sein Durchmesser liefert die Distanz d. Liegt H ungefähr in der Mitte des Rechtecks, so wähle man nach einer alten Malerregel für die Distanz die anderthalbfache große Rahmenseite; dann liegt in der Tat das Bild ganz im Sehkreis, wie sich leicht zeigen läßt. Bei kleinem Bildformat, z.B. bei Buchabbildungen, soll die Distanz aber niemals kleiner als die sogenannte *deutliche Sehweite,* also 25 bis 30 cm sein, da das Auge sich kleineren Distanzen nicht anpassen kann. Meist muß man sich das abzubildende Objekt geeignet verkleinert, also durch ein Modell ersetzt denken, damit sein Bild innerhalb jenes Rechtecks bleibt. War ein solches nicht vorgeschrieben und wurde das Bild mit beliebiger Distanz konstruiert, so ist es nachträglich so zu beschneiden, daß seine wesentlichen Teile im Sehkreis liegen.

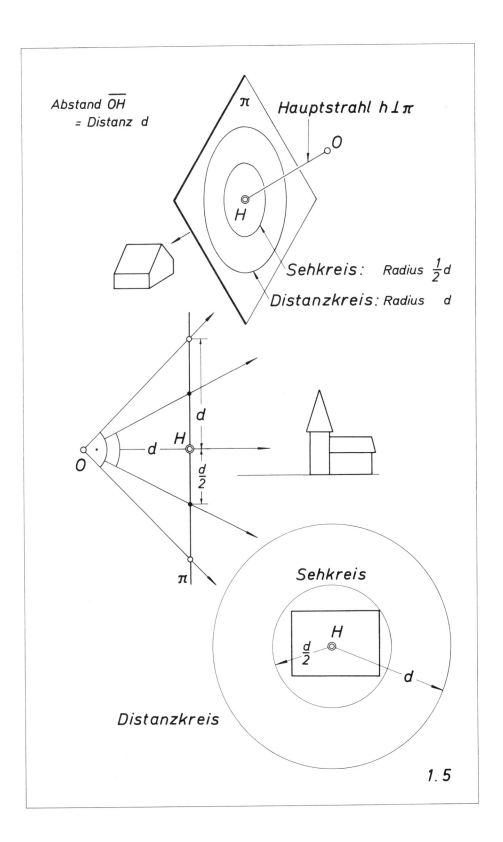

1.5

1.6 Verzerrungen

Verzerrungen können in den Teilen eines Bildes auftreten, die außerhalb des Sehkreises liegen. Das zeigt sehr schön unser Beispiel: Drei gleiche Truhen mit gleich weit geöffneten Deckeln sind so aufgestellt, daß entsprechende Kanten zueinander ∥ und horizontal liegen; zwei Truhen stehen nebeneinander auf demselben Tisch, die dritte tiefer auf dem Fußboden. Alle drei wurden von demselben Augpunkt aus auf dieselbe vertikale Tafel projiziert. Das Gesamtbild wurde nach den Regeln der Perspektive konstruiert, die uns vorläufig noch unbekannt sind. Tisch und Fußboden wurden nicht angedeutet, um allein die Truhenbilder sprechen zu lassen. Richtig und unverzerrt erscheint nur die Truhe, deren Bild ganz im Sehkreis liegt, die also vom Sehkegel umschlossen wurde; von den beiden anderen Bildern glaubt man nicht, daß sie gleiche Truhen darstellen: sie wirken zu kurz und zu breit.

Da man die Buchfigur wegen ihrer kleinen Distanz nicht vom zugehörigen Augpunkt aus betrachten kann, stelle man sich eine flüchtige etwa fünffach vergrößerte Kopie her, deren Distanz ungefähr 30 cm, also gleich der deutlichen Sehweite ist. Bringt man dann das Auge an die Stelle, die im Abstand der neuen Distanz genau über dem Hauptpunkt H liegt, so erscheinen überraschenderweise alle drei Bilder, soweit sie überblickbar sind, also im Distanzkreis liegen, richtig. Man muß daher ein perspektives Bild immer so „einrichten", daß das betrachtende Auge sich ungefähr an der gewünschten Stelle befindet. Bei einer als Wandbild gedachten perspektiven Darstellung z.B. sind Hauptpunkt, Distanz und − beim Aufhängen des Bildes − seine Höhe über dem Fußboden so zu wählen, daß ein Betrachter unwillkürlich und mit großer Wahrscheinlichkeit den richtigen Standpunkt einnimmt, daß also das Auge ungefähr die richtigen Abstände von Wand und Fußboden hat und senkrecht auf den Hauptpunkt blickt.

An Hand dieser Figur möge man schon hier bestätigen, daß im Bilde die Verlängerungen der in Wirklichkeit parallelen Kanten, z.B. der langen Truhen- und Deckelkanten oder aber der zwölf kurzen Deckelkanten durch denselben Punkt laufen. Diesen Punkt werden wir später den *Fluchtpunkt* jener Kantenschar nennen.

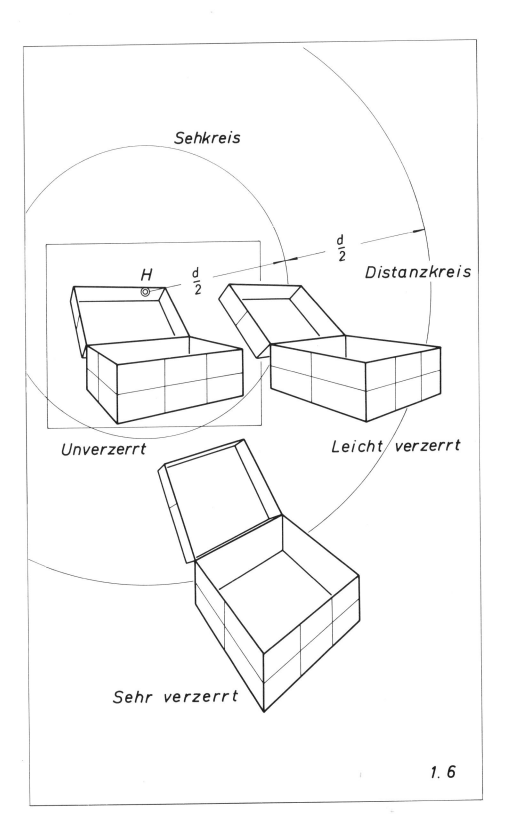

1.7 Grundprobleme

Im Spezialfall der *Parallelprojektion* ist das Zentrum O unendlich fern, die Projektionsstrahlen sind ‖ zueinander, aber nicht ‖ zur Tafel π [oben]. Für parallele Strecken a und b, die nicht die Projektionsrichtung haben, sind die Sehebenen ‖ und daher auch die Bilder a' und b'. Ihr Längenverhältnis bleibt erhalten: a' : b' = a : b. In einem *Parallelbild* erscheinen also parallele gleichlange Strecken wieder ‖ und gleichlang, z.B. Kanten und Diagonalen eines Würfelgitters in einem bezifferten Achsenkreuz [Mitte], in das man daher Punkte mit gegebenen Koordinaten bequem eintragen kann [z.B. x = 3, y = -1, z = 2]. Auch unsere Buchfiguren, die räumliche Anordnungen zeigen sollen, sind Parallelbilder, in denen z.B. rechteckig begrenzte Ebenenstücke durch Parallelogramme dargestellt sind.

Weit schwieriger ist die *Zentralperspektive*. Schon beim Betrachten eines Zentralbildes, etwa der Truhen in 1.6 oder eines Würfelgitters [unten], kommt man auf vier naheliegende Fragen:

1. Warum sind die im Urbild parallelen horizontalen Kanten im Bilde nicht ‖ gezeichnet, wohl aber die vertikalen? Wie sind also parallele Geraden und Ebenen darzustellen?

2. Welche Richtung haben im Bilde die Kanten, die zu einer Truhen- oder Würfelkante ⊥ stehen, z.B. zur großen Deckelebene? Wie sind also rechtwinklige Geraden und Ebenen darzustellen?

3. Wie kann man aus dem Bilde den wahren Winkel zweier Kanten ablesen, z.B. den Öffnungswinkel des Truhendeckels, und wie sind Winkel von gegebener Größe in ein Bild einzuzeichnen?

4. Wie kann man aus dem Bilde das wahre Längenverhältnis von Kanten ablesen und wie sind in ein Bild Strecken von gegebener Länge oder gleichlange Abschnitte, z.B. auf den Truhenkanten und den Koordinatenachsen, perspektivisch richtig einzutragen? Offenbar werden die Bilder gleichlanger Strecken, z.B. auf der y-Achse, immer kürzer, je weiter sie vom Anfangspunkt entfernt liegen, während sie bei Parallelprojektion doch gleichlang bleiben.

Wir fragen daher allgemein: Wie sind in einem Zentralbild 1) *parallele Kanten*, 2) *rechte Winkel*, 3) *beliebige Winkel* und 4) *Strecken von gegebener Größe* darzustellen? — Im folgenden wird stets vorausgesetzt, daß der Hauptpunkt H und die Distanz d zweckmäßig gewählt, also bekannt sind.

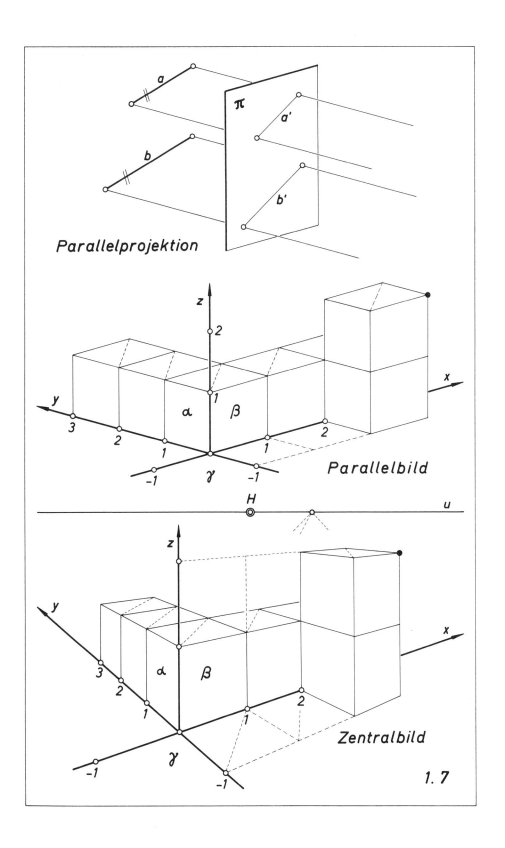

1.8 Parallele und rechtwinklige Geraden

Schon die Künstler der Renaissance haben einige der vier Probleme für spezielle Fälle gelöst und sich um andere vergeblich bemüht. Ihre Klärung verdanken wir dem Mathematiker *Lambert* (1728-1777), dessen schönes Buch „Freye Perspektive" erst 1759 erschien. Wir schildern seine Lösungen mit etwas anderen Bezeichnungen zunächst ohne Beweis, also lediglich als Zeichenvorschrift für einen Spezialfall, und zwar an Hand einer einfachen Federzeichnung [oben]. Ihr Vordergrund stellt ein horizontales ebenes, also nicht welliges und nicht geneigtes Gelände dar. Wie muß ein Zeichner in dieses Gelände parallele Geraden und zueinander senkrechte Geraden eintragen, z.B. die Schienen und ihre Schwellen?

Er wählt zunächst [unten] den Hauptpunkt H und die Distanz d nach den Regeln in 1.5 und zeichnet durch H eine horizontale Linie, den *Horizont*. Nun sorgt er dafür, daß die Schienen der geradlinigen Bahnstrecke sich in einem auf dem Horizont gewählten Punkt ① treffen; durch diesen *Fluchtpunkt* der Schienen, den wir später als Zentralbild ihres Fernpunktes definieren werden, sind im Bilde alle zu den Schienen parallelen Wegkanten und z.B. der Querbalken der Schranke rechts im Hintergrund zu zeichnen. Zu jeder Schar paralleler horizontaler Geraden, z.B. zu den Randlinien eines Weges oder zu den Schwellen jenes Schienenstückes gehört ein solcher Fluchtpunkt. Alle diese Fluchtpunkte aber – so werden wir zeigen – müssen auf dem Horizont gewählt werden.

Es ergibt sich ferner, daß zwischen den Fluchtpunkten ① und ② zweier zueinander senkrechter Richtungen, z.B. der Schienen und ihrer Schwellen, eine einfache Beziehung besteht. Ihre Abstände vom Hauptpunkt H haben nämlich – in der Einheit d gemessen – reziproke Werte; d.h.: Ist etwa einer der Abstände = $\frac{3}{4}$ d, so ist der andere = $\frac{4}{3}$ d. Außerdem liegen zwei solche Fluchtpunkte stets auf verschiedenen Seiten von H. Natürlich wird jeder erfahrene Zeichner diese Abstände auf Grund eines sicheren Gefühls richtig „schätzen". Der Architekt und Künstler *Daniel Thulesius* (1889-1967) pflegte im Gespräch oft zu sagen, man lerne solche Gesetze ähnlich wie die Grammatik einer Sprache, um sie vergessen zu dürfen, um also ein untrügliches Gefühl der Sicherheit beim Skizzieren zu erlangen.

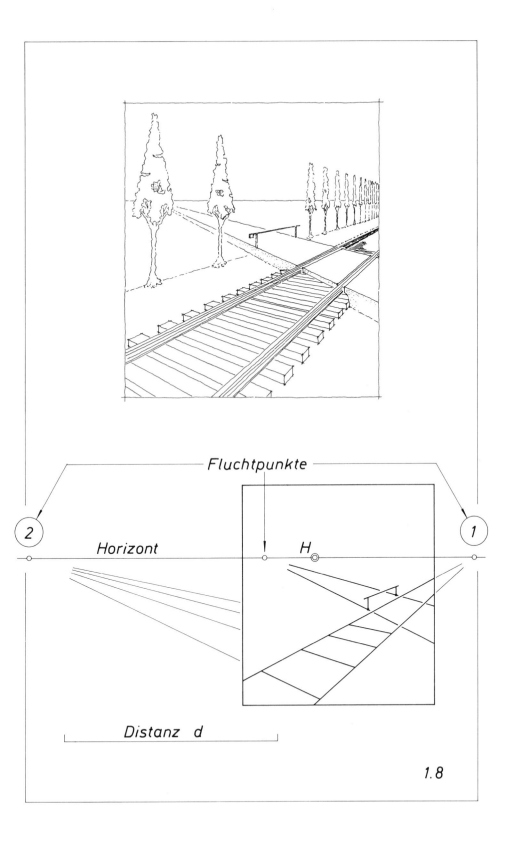

1.9 Winkel und Strecken von gegebener Größe

Winkel und Strecken von gegebener Größe lassen sich in ein Bild mit Hilfe sogenannter *Meßpunkte,* die von Lambert *Teilpunkte* genannt wurden, eintragen. Wir verlangen z.B., daß der Weg im Hintergrund der Skizze [oben] den Schienenstrang unter einem gegebenen Winkel von 50° schneidet. Wo muß dann der Fluchtpunkt dieses Weges auf dem Horizont gewählt werden? Der Zeichner markiert auf seinem Blatt einen *Winkelmeßpunkt* ③ senkrecht unter dem Hauptpunkt H im Abstand d. Dann sorgt er dafür, daß die beiden Strahlen, die von diesem Meßpunkt zum Fluchtpunkt ① und zum Fluchtpunkt des gesuchten Weges zeigen, den Winkel von 50° bilden. Setzt man die Richtigkeit dieser Regel voraus, so läßt sich aus ihr auch das *Rechtwinkelgesetz* der Nr. 1.8 herleiten, also die Vorschrift, wie rechte Winkel in ein Bild einzuzeichnen sind.

Auch das Einzeichnen von Strecken gegebener Länge schildern wir nur für einen Spezialfall: Wie sind im Bilde die Schwellen, deren Abstände voneinander in 1.8 willkürlich skizziert wurden, „perspektivisch" richtig zu zeichnen, wenn ihr wahrer Abstand bekannt ist? Der Zeichner markiert jetzt auf dem Horizont einen *Streckenmeßpunkt* ④ [unten]; er wird für das Einzeichnen von Strecken auf allen Geraden mit dem Fluchtpunkt ① benutzt, z.B. auf der rechten Schiene. Dieser Meßpunkt liegt – so zeigen wir später – vom Fluchtpunkt ① genau so weit entfernt wie dieser vom Winkelmeßpunkt ③. Nun legt man durch den fett markierten Schienenpunkt, von dem aus der Schwellenabstand mehrmals perspektivisch abgetragen werden soll, eine horizontale Gerade als *Meßlinie*. Auf ihr wird der wahre Schwellenabstand in einem Maßstab, der von der Wahl jenes Anfangspunktes auf der Schiene abhängt und über den später Einzelheiten angegeben werden, mehrmals abgetragen. Die Teilpunkte projiziert man vom Meßpunkt ④ aus auf das Bild der gewählten rechten Schiene und zeichnet durch die so erhaltenen Schienenpunkte die Schwellenbilder (hier als Strecken vereinfacht) so, daß ihre Verlängerungen durch den Fluchtpunkt ② gehen.

Die Lösungen unserer vier Grundaufgaben sind hier ohne Begründung für eine sehr spezielle Annahme nur zur ersten Orientierung skizziert. Sie werden in den folgenden vier Kapiteln allgemein bewiesen und diskutiert, im sechsten für die Praxis ergänzt. Das letzte Kapitel bringt ausführlich beschriftete „Leseaufgaben".

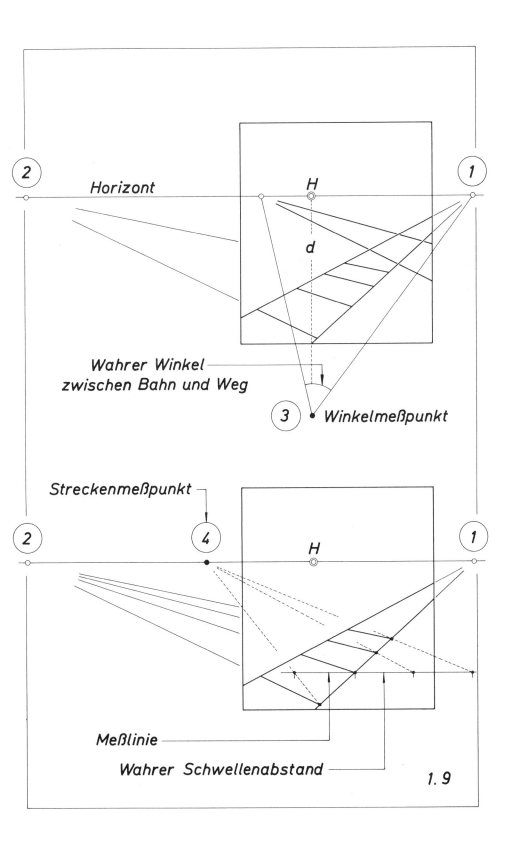

1.10 Kurze historische Übersicht

Unsere kurze historische Übersicht erstreckt sich mit langen Pausen über vier Jahrhunderte. Die Künstler der Renaissance suchten und fanden allgemeine, oft später als falsch erkannte Konstruktionen. Der Baumeister *Giorgio Vasari* (1511-1574) schildert in seinen packenden Lebensbeschreibungen (1568) ausführlich und liebevoll diese Prospettivi[1]. Besonders erfolgreich war *Leon Battista Alberti,* Architekt, Jurist, guter Mathematiker, vielseitiger Schriftsteller, Dichter, Komponist – sportlich, kraftvoll. Sein Buch über die Malerei, verfaßt um 1440, erschien erst 1511 nach seinem Tode in lateinischer Sprache, eine italienische Übersetzung mit Figuren 1804. Darin zeigte er, daß in einem Bilde horizontaler Quadrate die zur Tafel senkrechten Seiten durch einen Hauptpunkt (*punto del centro*), die Diagonalen durch einen Distanzpunkt (*punto della veduta*) gehen [7.1].

Ein Lehr- und Aufgabenbuch diktierte der erblindete Maler *Piero della Francesca* (Petrus pictor Burgensis) um 1480 seinen Schülern. Das verschollene Manuskript wurde wiedergefunden und übersetzt von *Winterberg* (1899). Der unvollständig überlieferte Traktat über die Malerei von *Leonardo da Vinci* (1498) enthielt wahrscheinlich auch geometrische Gesetze. Deutlich erkennbar sind solche in den Holzschnitten von *Albrecht Dürer.* In einem kurzen Kapitel seines schönen Buches (1525) gewinnt er das Zentralbild aus Rissen, d.h. in *gebundener Perspektive.* Erst das mehrbändige Werk von *Guido Ubaldo del Monte* (1600), Künstler und Mathematiker, bringt allgemeine Sätze und Begriffe, so den des Fluchtpunktes, durch den die Bilder paralleler Geraden gehen, als *punctum concursus.*

Johann Heinrich Lambert, Mathematiker und Physiker in Berlin, zeigt in seiner „*Freyen Perspektive*" (1759) die Herstellung von Bildern ohne Benutzung von Rissen mit Hilfe von Teilpunkten, unseren *Meßpunkten.* Wertvolle Hilfsmittel für moderne Entwicklungen schufen der Franzose *Desargues* mit dem Begriff der *Koordinaten* (1636) und der vielseitige Holländer *s'Gravesande* – damals 19-jährig – mit dem der linearen Verwandtschaft oder *Kollineation* (1707): Ihr Spezialfall hat als *Perspektivität* große Bedeutung auch für das praktische Zeichnen.

---

[1] Deutsche Ausgaben der hier genannten Schriften sind am Schluß des Buches zusammengestellt, Titel- und Figurenseiten in dem Buche „Darstellende Geometrie" des Verfassers abgedruckt. Eine umfassende Geschichte der Perspektive findet man im „Lehrbuch der Darstellenden Geometrie" von *Christian Wiener* (1884).

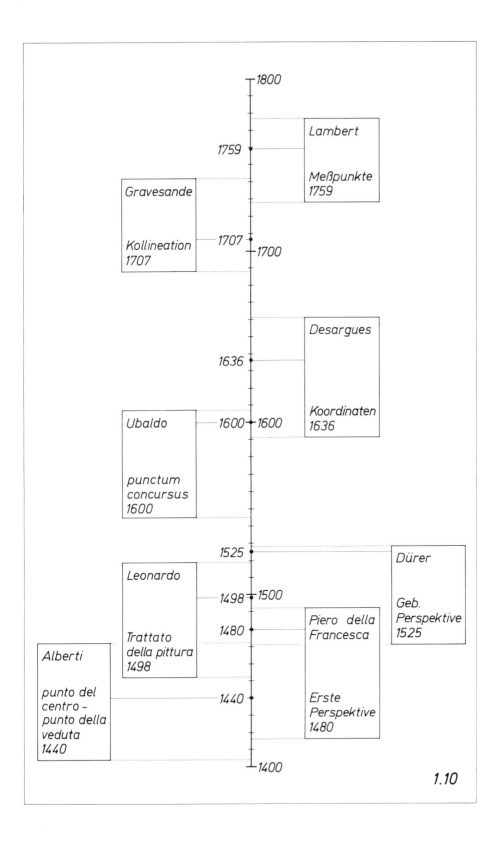

1.10

2. Parallele Geraden und Ebenen

2.1 Der Fluchtpunkt

Die Bildtafel π darf geneigt oder vertikal sein. Wir betrachten eine Gerade g, die nicht ∥ π und kein Sehstrahl ist [oben]. Ihr Bild g' geht durch ihren Spurpunkt G, weil dieser mit seinem Bilde zusammenfällt. Durchläuft ein Punkt von G aus die hinter π liegende, d.h. die Verschwindungsebene nicht treffende Halbgerade bis ins Unendliche, so wird sein Sehstrahl schließlich ∥ g. Dieser Strahl heißt der *Fluchtstrahl* g_0, sein Spurpunkt der *Fluchtpunkt* G_0 von g; er ist das *Bild des unendlich fernen Punktes von* g. Das unendlich lange Stück einer Geraden hinter der Bildebene wird also im Bilde auf das endlich lange Stück zwischen Spurpunkt G und Fluchtpunkt G_0 „zusammengedrückt"; eine Folge gleich langer Strecken auf jener Halbgeraden erscheint als Folge ungleich langer Strecken auf dem Bilde g', die sich — immer kürzer werdend — an den Fluchtpunkt herandrängen.

Sind Spurpunkt G, Fluchtpunkt G_0, Hauptpunkt H und Distanz d bekannt [Mitte], also auch der Augpunkt O, so verschafft man sich — etwa beim Betrachten eines Bildes — die Richtung von O nach G_0, verschiebt sie ∥ durch G und erhält so das *Urbild* g.

Da parallele Geraden denselben Fluchtstrahl, also auch denselben Fluchtpunkt besitzen [Mitte], ergibt sich der wichtige **Fluchtpunktsatz**: *Die Bilder paralleler Geraden treffen sich im gemeinsamen Fluchtpunkt.* In den Zentralbildern 1.6 und 1.7 bestätige man das für jede Schar paralleler, nicht vertikaler Kanten und Quadratdiagonalen durch Verlängern derselben.

Ist nun f eine Frontgerade, also ∥ π [unten], so schneidet ihre Sehebene in π ein Bild f' ∥ f aus. Strecken auf f erscheinen daher auf f' im gleichen Verhältnis, Mitte geht in Mitte über. So ergibt sich als **Spezialfall des Fluchtpunktsatzes**: *Die Bilder paralleler Frontgeraden sind ∥ zu ihren Urbildern.* Der gemeinsame Fluchtstrahl ist jetzt ∥ zur Bildtafel π, der Fluchtpunkt also ins Unendliche gerückt. In einer vertikalen Bildebene erscheinen z.B. die *Lotlinien*, d.h. vertikale Geraden und Kanten, wieder vertikal. Auch das zeigen die Zentralbilder in 1.6 und 1.7: Hier war die Bildtafel offensichtlich vertikal.

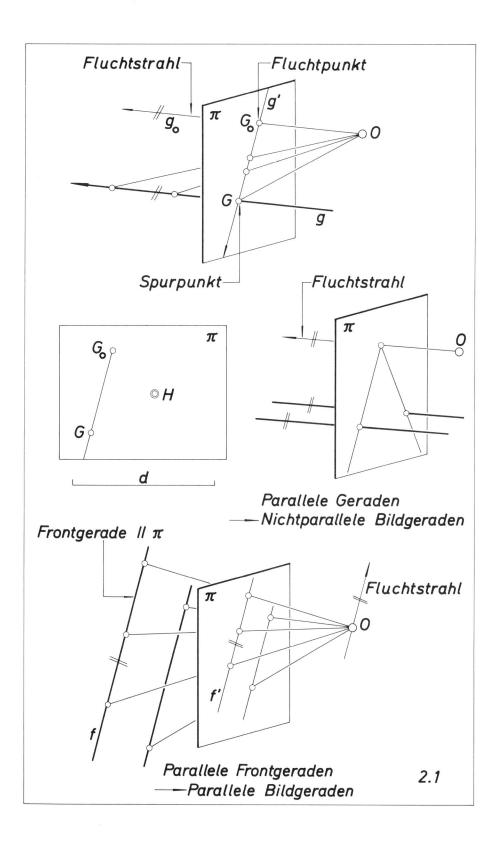

2.1

2.2 Der Verschwindungspunkt

Wir betrachten noch einmal die Gerade g [2.1 oben], die weder Frontgerade noch Sehstrahl war. Sie schneidet die Verschwindungsebene π_v im *Verschwindungspunkt* G_v [oben]. Da ihre Sehebene aus den parallelen Ebenen π und π_v parallele Geraden ausschneidet, nämlich g' und OG_v, ist *das Bild g' stets ∥ zum Sehstrahl* OG_v, das Bild von G_v also auf g' ins Unendliche gerückt: Das endliche Stück auf g zwischen Bild- und Verschwindungsebene, d.h. die Strecke GG_v, erscheint deshalb im Bilde als das unendlich lange, an G anschließende Stück auf g', das G_0 nicht enthält, also „auseinandergezerrt"; in der Figur ist von ihm nur ein kurzer Abschnitt bis zur Pfeilspitze angedeutet.

Noch einmal verfolgen wir einen Punkt, der die Gerade g in drei Abschnitten ganz durchläuft (in der Figur von links nach rechts): Er kommt hinter π aus dem Unendlichen, wandert im ersten Abschnitt bis G, im zweiten bis G_v, endlich im dritten weiter bis ins Unendliche. Sein Bildpunkt läuft für die beiden ersten Abschnitte vom Fluchtpunkt G_0 aus über G bis ins Unendliche (in der Figur nach unten) und kehrt für den dritten Abschnitt aus dem Unendlichen (in der Figur von oben her) zum Fluchtpunkt G_0 zurück. Der dritte Abschnitt auf g ist für ein Auge, das sich an der Stelle O befindet und nach π hinblickt, nicht wahrnehmbar; das ist aber gerade das Stück, das ein Fotoapparat abbildet, bei dem O der Objektivmittelpunkt und π die Filmebene ist.

Die Bilder paralleler Frontgeraden sind ∥ [2.1 unten]. Aber auch nichtparallele Geraden können parallele Bilder besitzen, nämlich dann, wenn sie denselben Verschwindungspunkt haben, ihre Bilder also ∥ zum Sehstrahl durch diesen Punkt sind [Mitte]: *Geraden, die sich in der Verschwindungsebene treffen, haben parallele Bilder*[1]. Deshalb erscheinen z.B. horizontale Wege, die sternförmig vom *Standpunkt*, d.h. dem Grundriß von O in der Bodenebene ausgehen, in einer vertikalen Bildtafel ∥, und zwar vertikal [unten]. Auch parallele Frontgeraden treffen sich in π_v, freilich erst im Unendlichen, weil sie ja ∥ π und π_v sind.

Man beachte: Der *Verschwindungspunkt* G_v liegt auf dem Urbild g, also *nicht* in der Bildtafel, der *Fluchtpunkt* G_0 aber auf der Bildgeraden g', d.h. *stets* in der Tafel. Der Index 0 soll andeuten, daß G_0 Spurpunkt einer durch O gehenden Geraden g_0 ist.

---

[1] Das gilt auch für Geraden, deren Verschwindungspunkte auf demselben O-Strahl liegen.

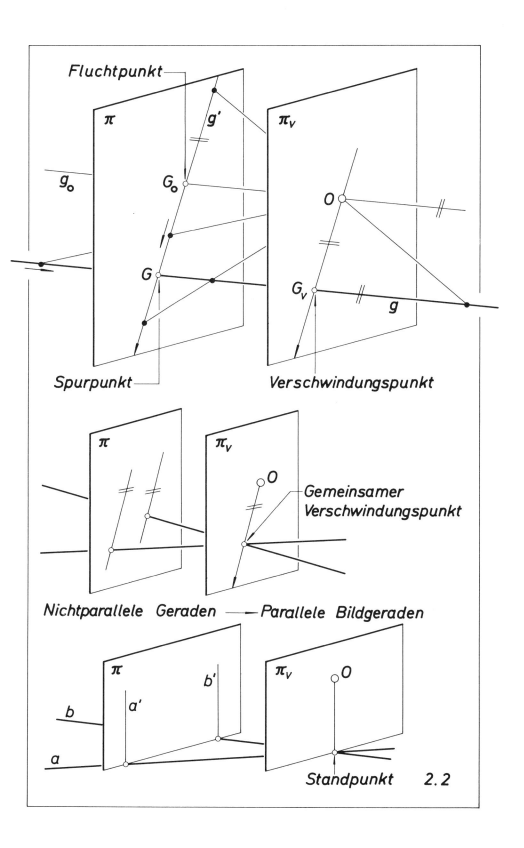

2.2

2.3 Die Fluchtlinie

Bisher behandelten wir das Bild einer Geraden, jetzt sollen zweidimensionale Figuren dargestellt werden. Liegt eine solche in einer Frontebene, also ∥ zur Bildtafel π, so sind Bild und Urbild einander ähnlich [oben]. Das beachtet man beim Fotografieren eines Bildes oder beim Projizieren eines Dias, um Verzerrung zu vermeiden. Liegt die Figur aber in einer Sehebene, jeder Bildpunkt also auf deren Spur, so ist das Bild eindimensional „entartet". Deshalb soll beim Zeichnen oder Fotografieren eines Bauwerks keine seiner Ebenen durch den Augpunkt O gehen.

Nun betrachten wir in einer beliebigen Ebene ϵ mit der Spur e die Geraden a, b, ... [Mitte]. Ihre Fluchtstrahlen, die ∥ ϵ sind, liegen in der zu ϵ parallelen Sehebene, der *Fluchtebene* ϵ_0, ihre Fluchtpunkte A_0, B_0, ... also auf deren Spur: sie heißt die *Fluchtlinie* e_0 von ϵ und ist ∥ zur Spur e. Alle zu ϵ parallelen Ebenen besitzen dieselbe Fluchtebene und Fluchtlinie. Da also auf der Fluchtlinie e_0 die Bilder aller Fernpunkte dieser Ebene liegen, kann sie auch als *Bild der gemeinsamen Ferngeraden paralleler Ebenen* gedeutet werden. So ergeben sich die beiden Hauptsätze der geometrischen Perspektive:

I. **Der Fluchtliniensatz:** *Die Fluchtpunkte aller Geraden, die in einer Ebene liegen oder ∥ zu ihr sind, liegen auf einer Fluchtlinie ∥ zur Spur der Ebene.*

II. **Der Winkelsatz:** *Die Fluchtpunkte zweier Geraden werden vom Augpunkt aus unter dem Winkel gesehen, den die Geraden bilden.*

In der mittleren Figur sind die Bilder der in der Ebene ϵ liegenden Geraden fortgelassen; deshalb ist die Bildebene π mit diesen Bildern [unten] herausgezeichnet: Das Stück auf a' zwischen Spurpunkt A und Fluchtpunkt A_0 ist das Bild der unendlich langen Halbgeraden a hinter π (in der mittleren Figur links von e). Das unendlich große Gebiet der Ebene ϵ hinter π wird im Bilde also auf den Streifen zwischen Spur e und Fluchtlinie e_0 „zusammengedrückt". Eine Frontgerade f in ϵ und ihr Bild f' sind ∥ e und e_0. Durchwandert f von e aus jene Halbebene (in der Figur wieder nach links), so rückt das Bild f' immer näher an die Fluchtlinie e_0 heran; ein Maßstab auf f (durch schwarze Punkte angedeutet) wird dabei im Bilde immer kleiner. In natürlicher Größe erscheint er nur, wenn f mit e zusammenfällt.

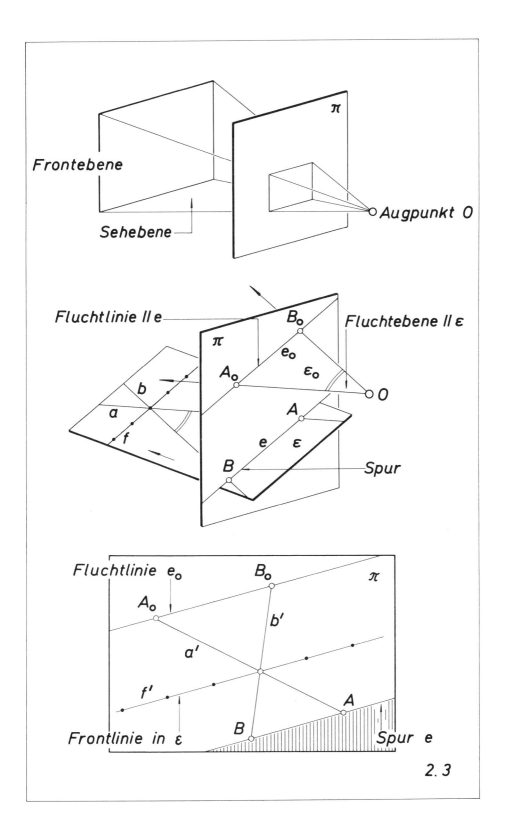

2.4 Die Verschwindungslinie

Wir haben in der vorigen Nummer das Gebiet einer beliebigen Ebene ϵ behandelt, das – vom Augpunkt O aus gesehen – „hinter" der Bildtafel π liegt [2.3 Mitte]. Jetzt sprechen wir von dem „vor" π liegenden Teil dieser Ebene. Unsere Figur [oben] zeigt noch einmal jene Ebene ϵ mit der Spur e und die Fluchtebene ϵ_0 von ϵ, die π in der Fluchtlinie e_0 schneidet, außerdem die durch O gehende Verschwindungsebene $\pi_v \parallel \pi$. Die Ebene ϵ schneidet π_v in der *Verschwindungslinie* e_v, die ebenfalls $\parallel$ zur Spur e ist. Da das Bild jedes Punktes von e_v [z.B. des schwarz markierten] ins Unendliche fällt, wird der Streifen in der Ebene ϵ zwischen Spur e und Verschwindungslinie e_v im Bild „auseinandergezerrt", d.h. auf die an die Spur angrenzende, unendlich große Halbebene abgebildet, die die Fluchtlinie e_0 nicht enthält. Ein Teil dieser Halbebene ist hier [wie in 2.3 unten] schraffiert. Jene Verzerrung wirkt sich vor allem in den Teilen einer in ϵ gegebenen Figur aus, die dicht an der Verschwindungslinie liegen, also „fast" ins Unendliche projiziert werden. – Wieder merke man sich: die *Verschwindungslinie* e_v liegt in der Ebene ϵ, die *Fluchtlinie* e_0 aber in der Bildtafel π.

Daß die Kenntnis der Verschwindungslinie praktische Entscheidungen erleichtert, soll ein Beispiel zeigen. Ein Zeichner steht auf der horizontalen *Bodenebene* γ im Inneren eines Kreises [unten]. Bild- und Verschwindungsebene sind vertikal, die Verschwindungslinie c_v von γ geht durch den Standpunkt Ȯ [2.2]. Was läßt sich über das Bild des Kreises, insbesondere des Kreisbogens hinter π aussagen? Die durch alle Punkte des Kreises gelegten Sehstrahlen bilden einen *Kreiskegel*, schneiden also in der Tafel π, die ja niemals durch seine Spitze O geht, als Bild des Kreises einen *Kegelschnitt*, d.h. eine Ellipse, Parabel oder Hyperbel aus. Die Elementargeometrie zeigt, daß die Ellipse keinen, die Parabel einen und die Hyperbel genau zwei reelle unendlich ferne Punkte besitzt. Die Bilder der beiden [schwarz markierten] Kreispunkte auf c_v fallen ins Unendliche: Das Bild unseres Kreises hat zwei Fernpunkte, ist also eine Hyperbel. Das ist für den Zeichner wichtig. Denn für die Hyperbel gibt es einfache Konstruktionen, die das Skizzieren des Hyperbelbogens erleichtern, der als Bild des hinter π liegenden Kreisbogens auftritt [6.5]. – Berührt der Kreis die Verschwindungslinie c_v, so wird sein Bild eine Parabel [7.7_4].

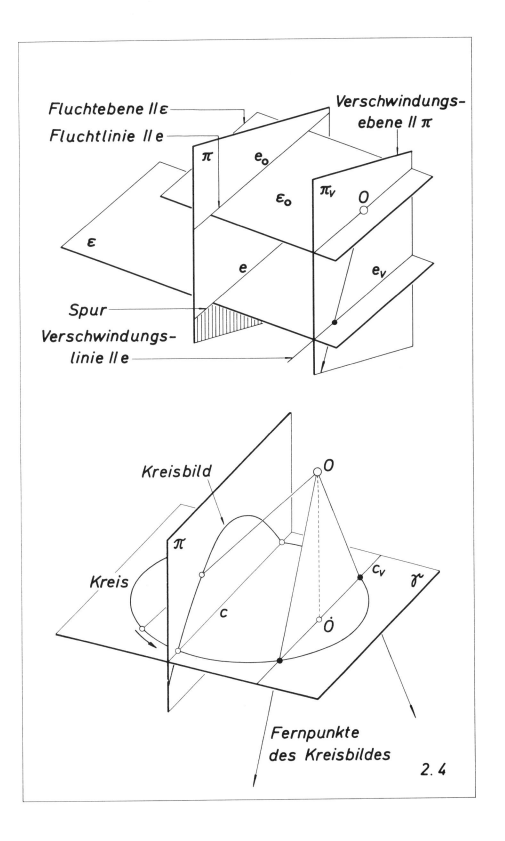

2.4

2.5 Spezielle Geraden

Geraden und Ebenen können — wie wir mehrmals gesehen haben — eine spezielle Lage zur Bildtafel haben; dann wollen wir sie besonders benennen. Die Bildebene π soll jetzt stets vertikal sein [oben]. Die abzubildenden Gegenstände denken wir uns — z.B. als Modelle — auf der horizontalen *Bodenebene* γ aufgestellt. Ihre Spur heißt die *Standlinie* c, die senkrechte Projektion des Augpunktes O auf γ der *Standpunkt* Ȯ, der Abstand $\overline{O\dot{O}}$ die *Aughöhe* a. Die Geraden $\perp \pi$ heißen (auch bei geneigter Tafel) *Tiefenlinien*. Ihr Fluchtstrahl ist der (zu π senkrechte) Hauptstrahl, ihr Fluchtpunkt also der Hauptpunkt H: *Die Bilder der Tiefenlinien gehen durch den Hauptpunkt H*, in der Figur überdies durch die schwarz markierten Spurpunkte auf c.

Horizontale Geraden, die außerdem $\parallel$ zur Tafel π sind, heißen *Breitenlinien* [Mitte]. Da π vertikal ist, sind auch die *Lotlinien,* d.h. alle vertikalen Geraden, $\parallel \pi$. Breiten- und Lotlinien, in der Figur die kurzen Quaderkanten, sind spezielle Frontlinien, ihre Bilder also $\parallel$ zu den Urbildern. Daher erscheinen in vertikaler Bildtafel die *Breitenlinien horizontal*, die *Lotlinien vertikal* [2.3 oben]. Das zeigt unser Quaderbild [unten]: Das vordere, in π liegende Rechteck ist so gewählt, daß eine Kante auf der Standlinie c liegt. Die langen Kanten gehen im Bilde durch den Hauptpunkt H, die hinteren kurzen Kanten sind horizontal bzw. vertikal, also $\parallel$ und $\perp$ zur Standlinie c gezeichnet.

Besonders oft treten horizontale Ebenen auf. Ihre Fluchtlinie ist die Spur der horizontalen Sehebene und heißt der *Horizont* u [Mitte]: u geht durch den Hauptpunkt H, ist $\parallel$ zur Standlinie c und hat von dieser den Abstand a, die Aughöhe. *Auf dem Horizont liegen die Fluchtpunkte aller horizontalen Geraden.* Das zeigen sehr schön die Zentralbilder 1.7 und 1.8.

Endlich betrachten wir vertikale Ebenen, die überdies $\perp$ zur Tafel π sind, z.B. die langen vertikalen Quaderflächen. Bei Bauwerken nennen wir sie *Tiefenwände*. Ihre Fluchtlinie ist die Spur der vertikalen und zu π senkrechten Sehebene, also die *Vertikale* v durch H: *Auf v liegen die Fluchtpunkte aller Geraden in Tiefenwänden.* Kippt man den Quader um eine der kurzen Horizontalkanten, so liegt der Fluchtpunkt der langen Kanten auf v.

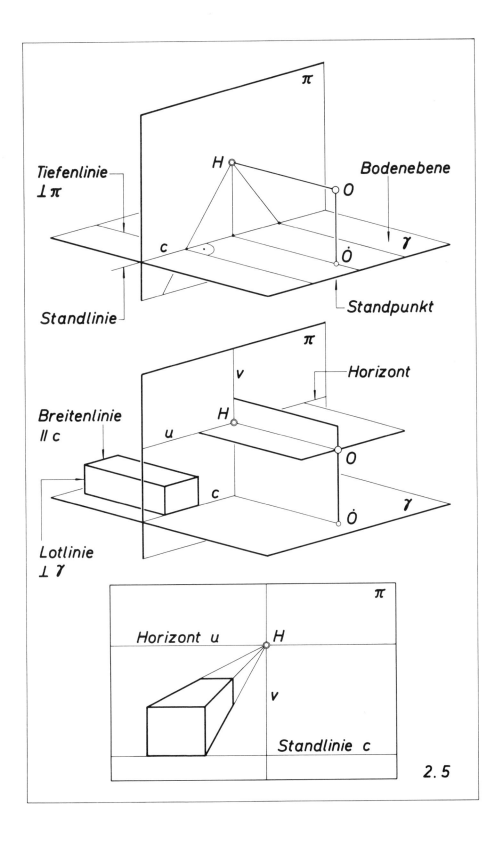

2.6 Spezielle Ebenen

Mit Hilfe der speziellen Geradenscharen führen wir nun Ebenen ein, die eine besondere Lage zur vertikalen Tafel haben. Bisher fanden wir: *Breitenlinien* und ihre Bilder sind ∥ zum Horizont u, *Lotlinien* und ihre Bilder ∥ zur Vertikalen v. *Tiefenlinien* sind ⊥ π, ihre Bilder gehen durch den Hauptpunkt H. Jetzt erklären wir weiter: *Breitenebenen* sind ∥ zu den Breitenlinien, also zum Horizont [oben], *Lotebenen* ∥ zu den Lotlinien, also vertikal [unten]; bei Bauwerken sind das die *Wände*. *Tiefenebenen* sind ∥ zu den Tiefenlinien, also ⊥ π [Mitte]. Jede der drei Figuren zeigt eine dieser Ebenen in Form eines Rechtecks ϵ. Wir suchen ihre Fluchtlinie e_0.

Da diese stets ∥ zur Spur und damit zu den Frontlinien in ϵ ist [2.3 Mitte], müssen wir in jeder dieser drei Ebenen Frontlinien suchen. In der Breitenebene ϵ [oben] sind das die First- und Traufkante, beide horizontal, in der Lotebene [unten] die vertikalen Kanten. Daher ergibt sich zunächst: *Die Fluchtlinien der Breitenebenen sind horizontal, der Lotebenen* (also auch der Wände) *vertikal*. Alle Horizontalebenen sind spezielle Breitenebenen mit der Fluchtlinie u, alle Tiefenwände spezielle Lotebenen mit der Fluchtlinie v.

Wie läßt sich e_0 für die skizzierten Breiten- und Lotebenen richtig eintragen? Die geneigten Kanten der Dachfläche ϵ [oben] liegen in den Giebelwänden, in der Figur also in Tiefenwänden mit der Fluchtlinie v. Der zu diesen Kanten parallele Sehstrahl schneidet auf v ihren Fluchtpunkt A_0 aus, durch den nun e_0 horizontal zu zeichnen ist. Jener Sehstrahl und e_0 legen die Fluchtebene ϵ_0 fest. – Für die Quaderfläche ϵ [unten] schneidet der zu den horizontalen Kanten parallele Sehstrahl ihren Fluchtpunkt auf u aus. Dadurch sind wieder die diesmal vertikale Fluchtlinie e_0 und die Fluchtebene ϵ_0 bestimmt.

Zuletzt sprechen wir von den Tiefenebenen [Mitte]. Da sie ⊥ zur Tafel sind, enthalten ihre Fluchtebenen stets den Hauptstrahl, d.h.: *Die Fluchtlinien der Tiefenebenen gehen durch den Hauptpunkt H*. In der Figur ist e_0 ∥ zu den Frontlinien, also den geneigten Kanten der Dachfläche ϵ. – Horizontalebenen und Tiefenwände sind wieder spezielle Tiefenebenen mit den Fluchtlinien u und v, die ja auch durch H gehen.

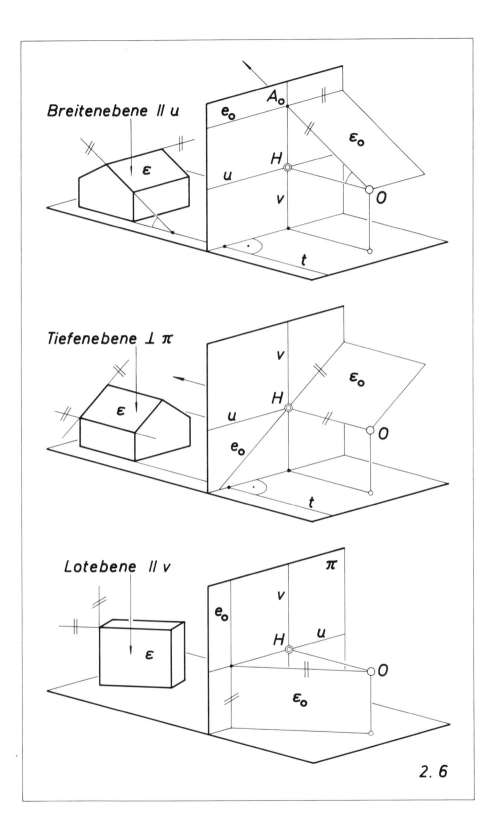

2.7 Ein Beispiel für Breitenebenen

Ein Beispiel für Breitenebenen ist das Satteldach des ersten Hausmodells in 2.6: Firstkante und Traufkanten sind Breitenlinien. In einer begonnenen Skizze liege die vordere Längswand jetzt in der Bildtafel [oben], ihre Bodenkante also auf der Standlinie. Diese Wand erscheint dann in wahrer Größe unverzerrt, die hintere (nicht sichtbare) ähnlich verkleinert. Einzuzeichnen sind [unten] Fluchtpunkte und Fluchtlinien und mit ihrer Hilfe die fehlenden Hauskanten, ein Rautengitter im Dachrechteck mit Linien ∥ zu den Diagonalen, endlich im Hintergrund ein zweites Haus, das durch Parallelverschieben des vorderen auf Tiefenlinien entsteht.

Da die Tafel vertikal ist, sind im Bilde alle Lotkanten vertikal, alle Breitenlinien horizontal und alle Tiefenlinien durch den Hauptpunkt H zu zeichnen. Diesen erhält man als Schnittpunkt der in der Giebelwand schon skizzierten beiden Tiefenlinien, nämlich der Bodenkante und der Verbindungslinie der Traufenpunkte. Durch H gehen der Horizont u und die Vertikale v, also die Fluchtlinie der Giebelwände. Auf v liegen die Fluchtpunkte aller Geraden in diesen Wänden, z.B. die Fluchtpunkte A_0 und B_0 der Dachfallinien. Da deren Fluchtstrahlen gleiche Winkel mit dem Hauptstrahl bilden [2.6 oben], ist $\overline{HA_0} = \overline{HB_0}$. Man zeichnet also der Reihe nach A_0, B_0, die sichtbaren Dachkanten durch A_0 und B_0 und horizontal die Firstkante.

Die Fluchtlinien der Dachflächen gehen horizontal durch A_0 und B_0. Auf ihnen liegen deren Diagonalenfluchtpunkte, für die sichtbare Fläche F_0 und G_0. Dabei ist nach dem Winkelsatz wieder $\overline{A_0F_0} = \overline{A_0G_0}$. Um das Rautengitter einzuzeichnen, teilt man die auf Frontlinien liegenden Dachkanten, also First- und Traufkante, in eine gleiche Anzahl jeweils gleichlanger Strecken und verbindet die Teilpunkte mit F_0 und G_0; dabei läßt sich der nicht erreichbare Punkt F_0 entbehren.

Will man das Haus so verschieben, daß seine genullte Ecke an die ebenfalls genullte Ecke der gleichen Tiefenlinie gelangt, so bestimmt man in der verschobenen sichtbaren Giebelwand der Reihe nach die vordere Lotkante, die ansteigende und die abfallende Dachkante, die hintere Lotlinie und die Bodenkante, wobei man die Ecken mit Hilfe der gestrichelten Tiefenlinien überträgt. – Schon diese Beispiele sollten stets freihändig skizziert, jede Streckenteilung nach Augenmaß vorgenommen werden.

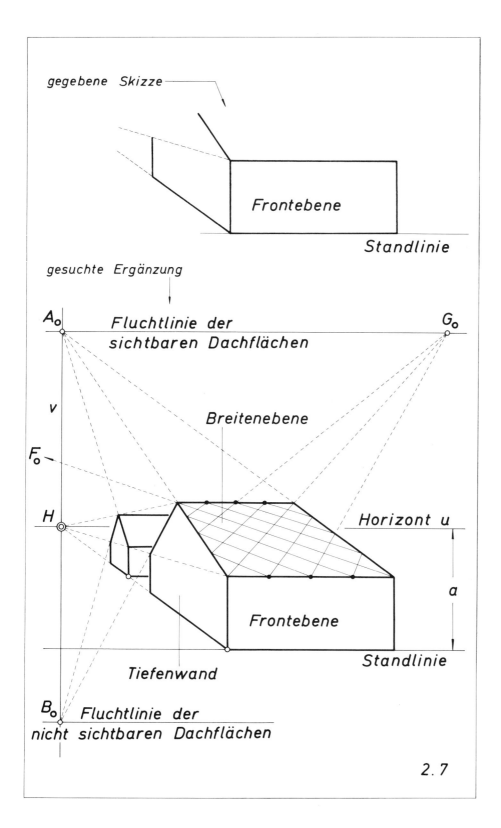

2.8 Ein Beispiel für Tiefenebenen

Ein Beispiel für Tiefenebenen liefern die *Dachebenen* und *Längswände* des zweiten Hausmodells in 2.6. Wieder soll eine begonnene Skizze [oben] genau wie in der vorigen Nummer ergänzt werden [unten]. Und wieder interessiert uns dabei nur die Gestalt des Bildes, noch nicht das Eintragen oder Ablesen von Maßen. In der vertikalen Bildtafel erscheinen auch hier die Lotkanten vertikal, die Breitenlinien horizontal; alle Tiefenlinien gehen durch den Hauptpunkt H. Diesen bestimmt man als Schnittpunkt der schon skizzierten Tiefenkanten der Längswand. Durch H legt man den Horizont u und die Vertikale v. Die hintere Giebelwand und die Giebelwände des zweiten Hauses liegen ähnlich zur vorderen, Ähnlichkeitszentrum ist H, entsprechende Kanten sind ∥. Man zeichnet also in der sichtbaren Dachfläche die hintere Kante ∥ zur vorderen, dann die Firstkante als Tiefenlinie.

Für das Rautengitter brauchen wir wie im vorigen Beispiel die Fluchtlinien der Dachebenen. Sie sind ∥ zu deren Frontlinien, also zu den Dachkanten in den Giebelwänden, die in unserem Beispiel Neigungen von 60° haben. Schneidet man die Fluchtlinie des sichtbaren Dachrechtecks mit dessen Diagonalen, so erhält man deren Fluchtpunkte F_0 und G_0, wobei auch hier nach dem Winkelsatz $\overline{HF_0} = \overline{HG_0}$ ist. Nun wird eine gleichmäßige Teilung auf den Frontlinien, also den geneigten Dachkanten (und nicht etwa auf den perspektivisch verkürzt erscheinenden Horizontalkanten) angebracht. Die Verbindungslinien der Teilpunkte mit F_0 und G_0 liefern die beiden Scharen paralleler Gitterlinien. Ist einer dieser Fluchtpunkte unzugänglich (wie im vorigen Beispiel F_0), so kommt man mit dem anderen aus. Denn die durch ihn gehenden Gitterlinien treffen die Dachkanten, die keine Frontlinien sind, in Punkten, durch die auch die Linien der anderen Schar laufen.

Um das zweite Haus *richtig* zu skizzieren, verschiebt man zunächst die Giebelwand ähnlich an die genullte Stelle der gemeinsamen Bodenlinie, dann die Diagonale der Längswand durch denselben Punkt; sie geht durch den gemeinsamen Fluchtpunkt auf v und schneidet auf der Traufkante deren Endpunkt in der hinteren Giebelwand aus, die damit festgelegt ist. Ein solches Parallelverschieben von Strecken behandelt die folgende Nummer allgemein. Wieder werden dabei nur Fluchtpunkte und Fluchtlinien benutzt.

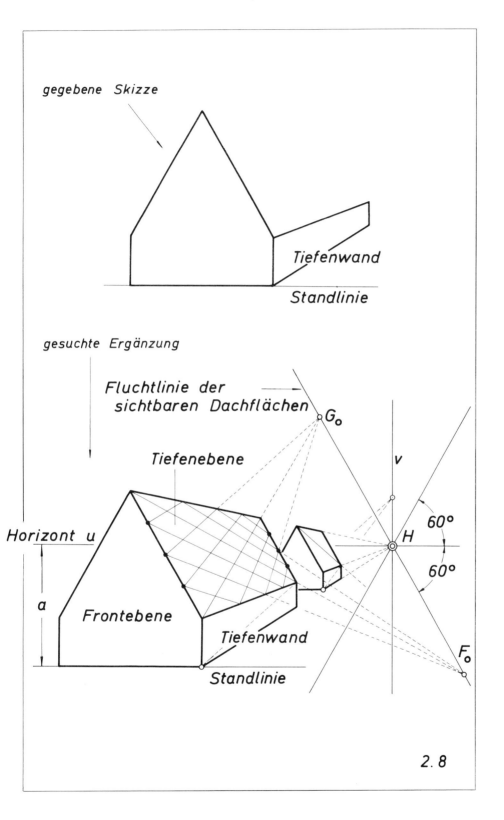

2.9 Verschieben und Teilen von Strecken

Will man Zentralbilder durch Bäume und Personen, Fenster und Türen beleben, so braucht man die folgenden einfachen Konstruktionen. Zunächst soll eine vertikale oder geneigte Strecke ∥ so verschoben werden, daß ihre Endpunkte sich auf horizontalen Geraden bewegen: Im oberen Beispiel ist sie als Baum ausgestaltet, im mittleren als schräg in den Boden gesteckter Stab zu deuten, dessen Fluchtpunkt G_0 bekannt sei. Gegeben ist im Bilde die Strecke mit dem Fußpunkt A, gesucht die Strecke mit dem Fußpunkt B. Die Verbindungslinien ihrer Fuß- und ihrer Kopfpunkte müssen sich auf dem Horizont treffen. Liegt dieser Fluchtpunkt nicht auf dem Zeichenblatt, so verschiebt man in beiden Beispielen die Strecke zunächst an eine Zwischenstelle C, die so gewählt wird, daß jetzt die Geraden AC und BC erreichbare Fluchtpunkte auf dem Horizont besitzen. Dabei wird der Zeichner die Hilfslinien nicht markieren, sondern nur mit dem Bleistift verfolgen.

Im Bilde ist ferner eine horizontale Strecke $\overline{AB}$, etwa die Bodenkante einer Wand, in n gleiche Teile zu teilen [unten: n = 3]. Auf Breitenlinien erscheinen gleich lange Strecken wieder gleich lang, auf anderen horizontalen Geraden nicht. Daher trägt man von A aus auf einer Breitenlinie, also ∥ zum Horizont, eine beliebige Strecke n mal ab bis zum Punkte C, verbindet B mit C und bestimmt auf dem Horizont den Fluchtpunkt F_0 von BC; dabei wähle man jene Strecke so, daß F_0 auf dem Zeichenblatt liegt. Die Geraden durch F_0, die durch die Teilpunkte von $\overline{AC}$ gelegt werden, haben parallele Urbilder, schneiden also auf $\overline{AB}$ die gewünschten Teilpunkte aus. So teilt man eine Wand in gleich breite Vertikalstreifen. Ebenso verschiebt man die gegebene Strecke $\overline{AB}$ auf ihrer Geraden so, daß A an die Stelle D kommt: Die Nummern und die Pfeile der drei Konstruktionslinien geben Reihenfolge und Richtung derselben an.

Dieses Verschieben kann auch [wie in 2.8] mit Hilfe der Wanddiagonale durch A ausgeführt werden: Man bestimmt auf dem Horizont den Fluchtpunkt der Horizontalkanten; vertikal durch diesen legt man die Wandfluchtlinie, sucht auf ihr den Diagonalenfluchtpunkt E_0, zeichnet durch D die Diagonale der verschobenen Wand und gewinnt daraus schließlich deren Bild.

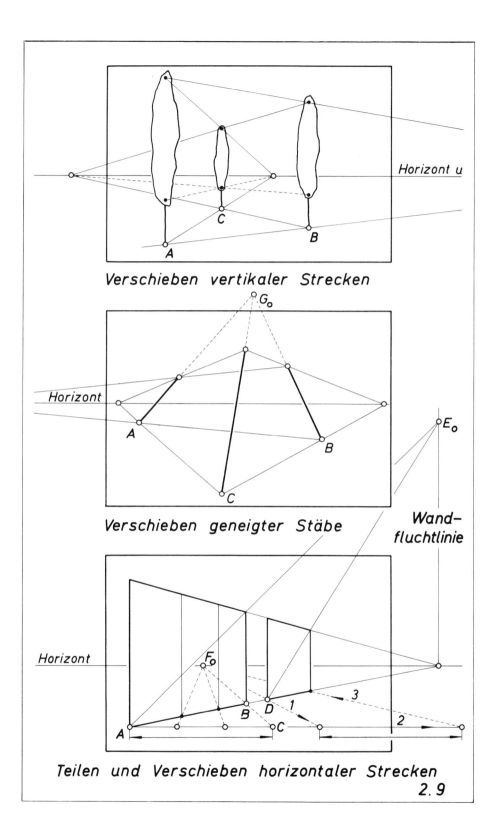

2.10 Das Verschneiden von Ebenen

Das Verschneiden von Ebenen erfordert nur die Kenntnis ihrer Fluchtlinien. Dabei wird jede Fluchtlinie i.a. durch die Fluchtpunkte zweier geeignet gewählter Richtungen festgelegt, bei Dächern z.B. der Höhen- und Fallinien. Wieder sei eine unvollendete Skizze gegeben, deren Herstellung hier noch nicht gezeigt wird [oben]: Zwei Häuser mit Satteldächern stoßen rechtwinklig aneinander, keine Wand ist ∥ zur Bildtafel; ein solches Bild nennen wir eine *Eckansicht*. Die Traufkanten liegen gleich hoch, die Firstkanten nicht. Wir suchen die Schnittgerade der beiden sichtbaren Dachebenen [Mitte]. Durch Verlängern der Horizontalkanten finden wir deren Fluchtpunkte X_0 und Y_0, die den Horizont u bestimmen. Durch X_0 und Y_0 legt man ⊥ u die Fluchtlinien a_0 und b_0 der Giebelwände a und β, also auch der Wände ∥ a und ∥ β. Auf a_0 und b_0 liegen die Fluchtpunkte der Dachfallinien, und zwar für die sichtbaren Flächen über dem Horizont. Wir erhalten sie durch Verlängern der geneigten Giebelkanten. Nun verbinden wir den Fluchtpunkt auf a_0 mit X_0 und den Fluchtpunkt auf b_0 mit Y_0: Das liefert die Fluchtlinien der Dachrechtecke. Ihr Schnittpunkt ist also der Fluchtpunkt der gesuchten Schnittgeraden, die überdies durch den gemeinsamen Traufkantenpunkt geht.

Gegeben sei ferner [unten] der Horizont u und das Bild eines Prismas mit drei lotrechten Kanten, das auf einer horizontalen Ebene steht und oben durch eine schräge Ebene ϵ beschnitten ist. Auf der vorderen Vertikalkante sind zwei Punkte markiert: Durch den unteren soll ein Horizontalschnitt, durch den oberen ein Schnitt ∥ ϵ gelegt werden. Man bestimmt der Reihe nach auf u die Fluchtpunkte der drei Horizontalkanten, daraus den unteren Schnitt, dann ⊥ zum Horizont die Fluchtlinien der drei Vertikalebenen, auf ihnen die Fluchtpunkte der Kanten in ϵ und endlich den oberen Schnitt. Beim Zeichnen überzeugen wir uns, daß die drei Fluchtpunkte der in ϵ liegenden Kanten auf einer Geraden, der Fluchtlinie e_0 von ϵ liegen. Das besagt übrigens – unabhängig von unserer räumlichen Deutung – ein berühmter Satz des französischen Mathematikers *Desargues* (1591-1661). – Bei den Beispielen dieses Abschnitts waren niemals Strecken- oder Winkelmaße zu berücksichtigen. Sie erfordern weitere Hilfsmittel.

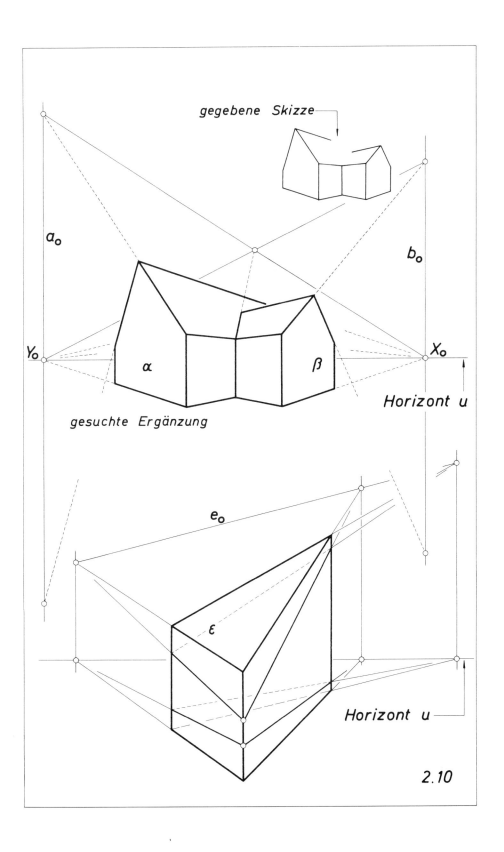

3. Rechtwinklige Geraden und Ebenen

3.1 Normalen und Normalebenen

In diesem Abschnitt besprechen wir das Einzeichnen rechter Winkel in ein Zentralbild und deshalb zunächst einige einfache Begriffe der Elementargeometrie. Man sagt, zwei windschiefe Geraden, die also keinen Punkt gemeinsam haben, sind ⊥ zueinander oder kreuzen sich rechtwinklig, wenn zwei zu ihnen parallele und sich schneidende Geraden rechtwinklig sind. Das gilt z.B. für je zwei windschiefe Kanten eines Quaders [oben links]. Ist eine Gerade x ⊥ zu einer Ebene a, also ⊥ zu allen Geraden in a [oben rechts], so heißt x eine *Normale* der Ebene a und a eine *Normalebene* der Geraden x. Jede zur Ebene a senkrechte Ebene ist ∥ zur Normalen x. In einem rechtwinkligen Achsenkreuz [1.7] ist jede Achse eine Normale der von den beiden anderen aufgespannten Ebene.

Nun betrachten wir [Mitte] die Bildtafel π, eine beliebige Ebene a mit der Spur a und eine zu dieser Spur, also zu beiden Ebenen π und a senkrechte Ebene λ: Sie heißt eine *Profilebene* oder kurz ein *Profil* der Ebene a. In der Figur ist π horizontal gewählt, weil dann die gegenseitige Lage der drei Ebenen leicht vorstellbar ist; π darf aber eine beliebige Lage im Raum haben.[1] Das Profil schneidet in π die Spur l und in der Ebene a eine Gerade r aus. Beide sind ⊥ zur Spur a. Deshalb nennen wir r eine *Spurnormale* oder *Neigungslinie* in a. Da jede Profilebene ⊥ zur Ebene a ist, sind die *Normalen von a ∥ zu den Profilebenen*. In der Figur ist in der Profilebene λ eine Normale x, also ⊥ zur Spurnormalen r eingezeichnet.

Im folgenden ist in der Bildtafel π die Fluchtlinie a_0 einer Ebene a gegeben, z.B. durch die Kantenfluchtpunkte eines schon skizzierten Rechtecks [unten]. Gesucht wird der Fluchtpunkt X_0 der Normalrichtung x, also der Punkt, durch den im Bilde alle Geraden gehen, die ⊥ a sind. Oder umgekehrt: Der Fluchtpunkt X_0 jener Richtung ist bekannt; wir suchen die Fluchtlinie a_0 aller Ebenen, die ⊥ x sind, also die Gerade, auf der im Bilde die Fluchtpunkte aller zu x senkrechten Geraden liegen. X_0 heißt der zu a_0 gehörende *Normalenfluchtpunkt*, kurz: *N-Fluchtpunkt*, a_0 die zu X_0 gehörende *Normalebenenfluchtlinie*, kurz: *N-Fluchtlinie*.

---

[1] Das gilt auch für die Modellfigur in der nächsten Nummer.

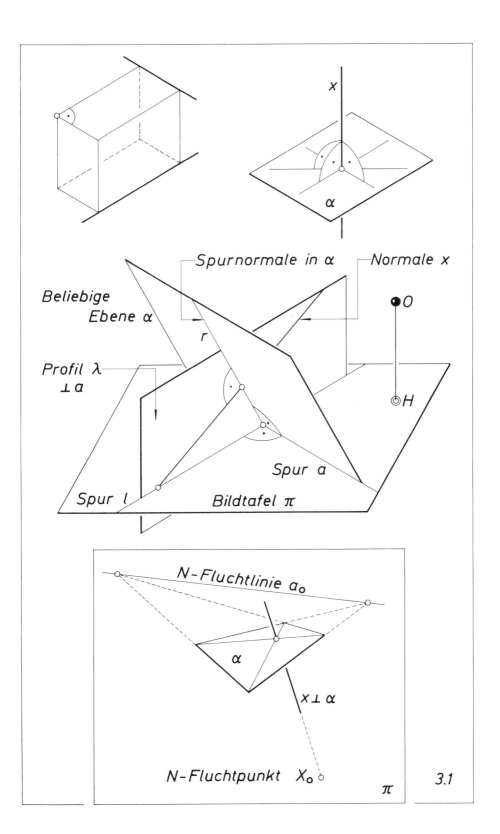

3.2 N-Fluchtpunkt und N-Fluchtlinie

N-Fluchtpunkt und N-Fluchtlinie stehen in einfacher Beziehung zueinander [oben]: Nach 2.3 und 2.1 erzeugen die Fluchtebenen $a_0 \parallel a$ und $\lambda_0 \parallel \lambda$ durch O die Fluchtlinien $a_0 \parallel a$ und $l_0 \parallel l$, die Fluchtstrahlen $x_0 \parallel x$ und $r_0 \parallel r$ die Fluchtpunkte X_0 und R_0 auf l_0; durch R_0 geht a_0. Wir nennen l_0 die *Profillinie* der Ebene a. Da das Profil $\lambda \perp \pi$ und die Spur $l \perp$ zur Spur a ist [3.1], geht l_0 stets durch H und ist $\perp a_0$. Das *Profildreieck* $R_0 O X_0$ ist rechtwinklig, da $x \perp r$, also $x_0 \perp r_0$ ist. Für seine Hypotenusenabschnitte $\overline{HX_0} = \overline{x}_0$ und $\overline{HR_0} = \overline{r}_0$ gilt daher die *Abstandsformel*[1]

$$\overline{r}_0 \cdot \overline{x}_0 = d^2 .$$

Mißt man $\overline{r}_0$ und $\overline{x}_0$ in der Einheit d, setzt also etwa $\overline{r}_0 = n \cdot d$, wobei n eine positive Zahl ist, so wird $\overline{x}_0 = \frac{1}{n}$ d. D.h.: *Die Abstände $\overline{r}_0$ und $\overline{x}_0$ sind – gemessen in der Einheit* d – *reziprok*.

In π sei außer H und d eine Fluchtlinie a_0 (nicht durch H) oder ein Fluchtpunkt $X_0 \neq H$ gegeben [unten]. Im ersten Fall ist l_0 das Lot von H auf a_0 mit dem Fußpunkt R_0, im zweiten die Gerade HX_0. Dreht man das Profildreieck $R_0 O X_0$ um l_0 in π hinein, so fällt O in einen Punkt $O^\times$ des Distanzkreises. Dann schneiden die Schenkel eines rechten Winkels mit dem Scheitel $O^\times$ auf l_0 zusammengehörige Punkte R_0 und X_0 aus: War a_0 gegeben, so erhält man X_0 aus R_0; umgekehrt ergibt X_0 zunächst R_0 und dann $a_0 \perp l_0$. Ist $\overline{r}_0$ oder $\overline{x}_0$ ein einfaches Vielfaches von d, so benutzt man die Abstandsformel: zu $\overline{r}_0 = \frac{2}{3}$ d gehört z.B. $\overline{x}_0 = \frac{3}{2}$ d. – Beide Figuren liefern *zwei Grenzfälle*, wenn man den rechten Winkel um seinen Scheitel dreht, R_0 und X_0 also auf l_0 wandern läßt:

I. Für $R_0 = H$ wird X_0 der Fernpunkt von l_0; a_0 geht durch H, a ist Tiefenebene $\perp \pi$: *Die Normalen einer Tiefenebene erscheinen $\perp$ zu deren Fluchtlinie*, z.B. die Normalen der Horizontalebenen und der Tiefenwände in 2.7 und 2.8 $\perp$ u bzw. $\perp$ v.

II. Für $X_0 = H$ wird R_0 der Fernpunkt von l_0; a ist Frontebene $\parallel \pi$, a_0 die Ferngerade in π: *Die Normalen einer Frontebene gehen im Bild durch den Hauptpunkt* H, z.B. in 2.7 und 2.8.

In der Geometrie heißt diese eindeutige Zuordnung zwischen den Punkten X_0 und den Geraden a_0 in π die *Antipolarität* des Distanzkreises: Zu jedem Punkt X_0 gehört eine *Antipolare* a_0, zu jeder Geraden a_0 ein *Antipol* X_0. Die Vorsilbe „Anti" soll besagen, daß H zwischen X_0 und a_0 liegt, wenn X_0 oder $R_0 \neq H$ gewählt wird.

[1] Buchstaben mit Querstrichen bedeuten stets Strecken oder deren Längen.

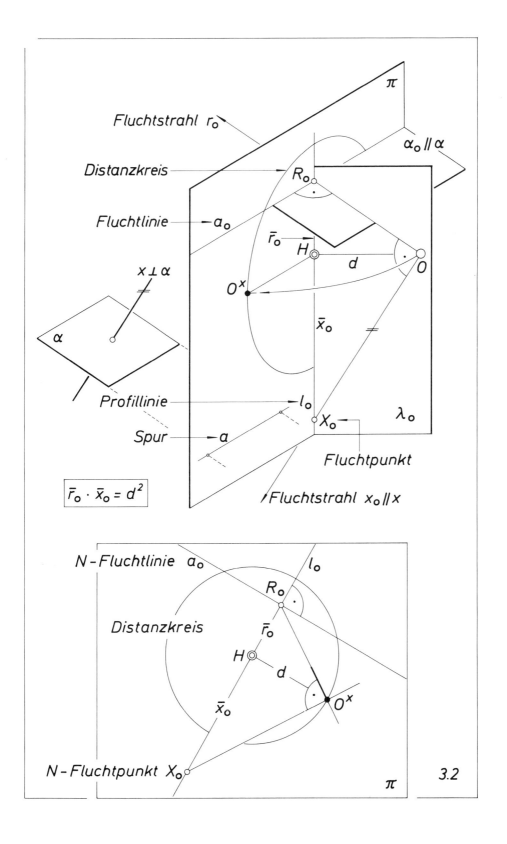

3.2

3.3 Fluchtdreieck eines Achsenkreuzes

Das Fluchtdreieck eines Achsenkreuzes und eines Quaders behandeln wir als erstes und wichtigstes Beispiel [oben]. Die durch eine Quaderecke gehenden Kanten seien die Achsen eines Rechtwinkelkreuzes: Jede ist eine Normale der von den beiden anderen aufgespannten Ebene, also $x \perp \alpha$, $y \perp \beta$, $z \perp \gamma$; keine soll $\parallel$ zur Tafel π sein. Dann schneiden ihre Fluchtstrahlen in π ein *Fluchtdreieck* aus: Seine Ecken sind die Achsenfluchtpunkte X_0, Y_0, Z_0, seine Seiten die Fluchtlinien a_0, b_0, c_0 jener drei Ebenen. Jede Ecke ist nach 3.2 der N-Fluchtpunkt oder Antipol der gegenüberliegenden Seite, liegt also auf deren Profillinie, d.h. dem Lot vom Hauptpunkt H auf diese Seite. So ergibt sich der einfache und für das Skizzieren wichtige

Höhensatz: *Der Höhenschnittpunkt im Fluchtdreieck eines rechtwinkligen Achsenkreuzes ist der Hauptpunkt H.*

Da H im Innern des Dreiecks liegt, ist dieses stets spitzwinklig. Die Profillinien, also die drei Höhen, bezeichnen wir mit l_0, m_0, n_0, die Höhenfußpunkte mit R_0, S_0, T_0 [unten]; sie sind nach 3.1 die Fluchtpunkte der Spurnormalen in den Ebenen α, β, γ. So ist z.B. T_0 in der oberen Figur der Fluchtpunkt der zur Bodenspur normalen Geraden t in der Ebene γ.

Ein solches Fluchtdreieck läßt sich leicht konstruieren, wenn der Hauptpunkt H und die Distanz d gegeben sind [unten]. Wir wählen etwa die Fluchtlinie a_0 beliebig, aber nicht durch H, bestimmen ihre Profillinie $l_0 \perp a_0$ und dann X_0 auf l_0 wie in 3.2 durch Umlegen des rechtwinkligen Profildreiecks $R_0 O X_0$. Wurde für den Abstand $\overline{r}_0 = \overline{HR_0}$ ein einfaches rationales Vielfaches von d gewählt, z.B. $\overline{r}_0 = \frac{3}{4} d$, so wird der Abstand $\overline{x}_0 = \overline{HX_0}$ das reziproke Vielfache von d, also $\frac{4}{3} d$; dann bedarf es jener Umlegung nicht. Nun wählt man Y_0 beliebig auf a_0, aber $\neq R_0$, und bestimmt entweder die Seite $c_0 = X_0 Y_0$, ihre Profillinie $n_0 \perp c_0$ und schließlich die dritte Ecke Z_0 als Schnittpunkt von n_0 und a_0; oder man zeichnet die Höhe $m_0 = HY_0$, die Seite $b_0 \perp m_0$ durch X_0 und dann Z_0 als Schnittpunkt von b_0 und a_0. Damit ist ein Fluchtdreieck mit dem Höhenschnittpunkt H und drei im Endlichen liegenden Ecken gewonnen. Das zugehörige Quaderbild, das wir nun einzeichnen wollen, nennen wir eine *Kippansicht* des Quaders.

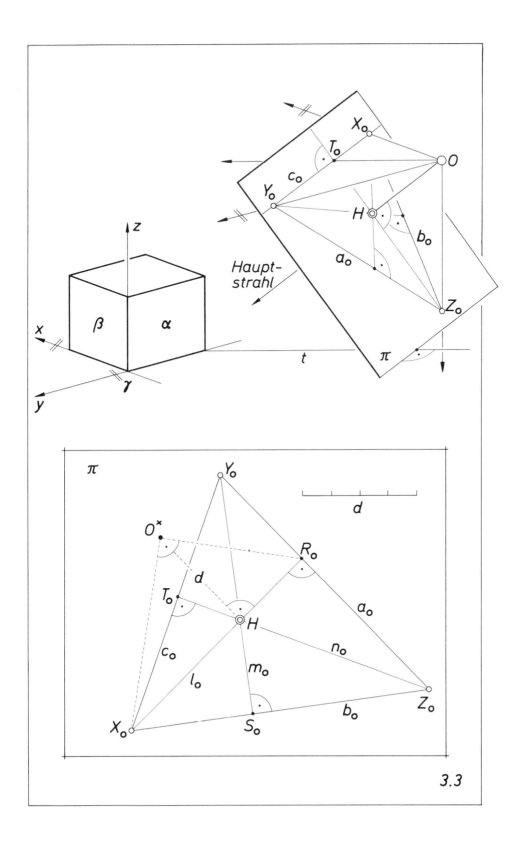

3.4 Bild eines Quaders in allgemeiner Lage

Das Bild eines Quaders in allgemeiner Lage läßt sich bequem skizzieren, wenn zuvor ein Fluchtdreieck seiner Kanten wie in 3.3 so konstruiert wurde, daß der Hauptpunkt sein Höhenschnittpunkt ist: Wir wählen [oben] die genullte Quaderecke beliebig, zeichnen die Achsen x, y, z und ihre Kanten mit beliebigen Längen durch die Fluchtpunkte X_0, Y_0, Z_0 und dann die noch fehlenden Kanten des unteren Quaders ebenfalls durch deren Fluchtpunkte. Will man den gleichen Quader noch einmal an den unteren ansetzen, so benutzt man wie in 2.8 den Fluchtpunkt G_0 einer Diagonale, z.B. in der Ebene α: Er liegt auf der Fluchtlinie a_0.

Wenn wir (wie schon in 3.3) einen Fluchtpunkt, eine Fluchtlinie oder eine Ecke beliebig wählen, so bedeutet das, daß wir uns zunächst über die Lage des Gegenstands zur Tafel keine Gedanken machen und nur die gegenseitige Lage der Fluchtpunkte und Fluchtlinien berücksichtigen, die durch das Objekt gegeben ist; auch seine Abmessungen sollen noch keine Rolle spielen.

In diesem Bilde denken wir uns nun die Konstruktionslinien und den Hauptpunkt fort und deuten es als ein vom Flugzeug aus mit geneigtem Apparat aufgenommenes Foto eines Hauses [unten]. Dazu halten wir das Bild z.B. so, daß die Seite $X_0 Y_0$ horizontal und der Punkt Z_0 unten liegt, so daß dieser als Fluchtpunkt aller Lotlinien erscheint [3.3 oben]. Wie lassen sich jetzt Hauptpunkt und Distanz wiederfinden? Zunächst bestimmt man das Fluchtdreieck durch Verlängern und Schneiden der Kanten, dann den Hauptpunkt als Schnitt zweier Höhen, endlich die Distanz d als Höhe in einem mit Hilfe des Thaleskreises konstruierten rechtwinkligen Profildreieck, z.B. über der Höhe $R_0 X_0$. Diese Konstruktionen sind nur dann möglich, wenn die drei Ecken im Endlichen liegen, also ein „*echtes Dreieck*" bilden. Ein solches Bild nannten wir in 3.3 eine *Kippansicht*. Hauptpunkt und Distanz einer gegebenen Kippansicht können wir also stets ermitteln.

Anders verhält es sich in den Spezialfällen, die wir nun behandeln. Ein Blick auf die Figurenseite 3.6 zeigt, daß hier wenigstens eine Kantenschar des Quaders auch im Bilde ∥ erscheint, daß also deren Fluchtpunkt im Unendlichen liegt und das Fluchtdreieck der Kanten daher *kein* echtes ist.

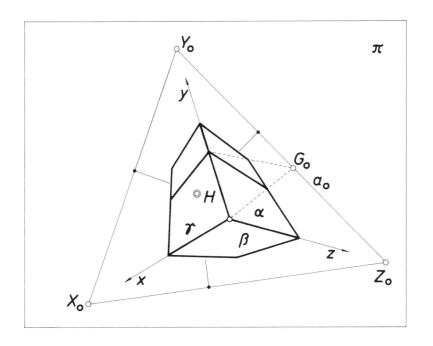
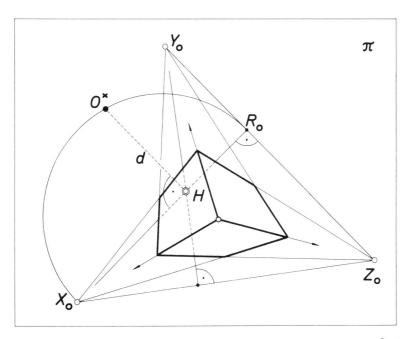

3.4

3.5 Ausgeartete Fluchtdreiecke

Ausgeartete Fluchtdreiecke für einen Quader oder ein Achsenkreuz erhält man durch anschauliche Grenzübergänge aus der oberen Figur 3.3: *Die Bodenebene γ des Quaders sei horizontal*, seine horizontalen Kanten seien nicht $\parallel \pi$. Den Augpunkt O und die horizontale Fluchtebene durch O halten wir fest, die Tafel π denken wir uns um den Horizont, also die Fluchtlinie c_0 in eine *vertikale Stellung* gedreht. Dabei rückt der Fluchtpunkt Z_0 der Lotlinien ins Unendliche, der Hauptpunkt H nähert sich dem Horizont c_0, also dem Punkte T_0, die Fluchtlinien a_0 und b_0 der vertikalen Ebenen α und β werden steiler und schließlich die Vertikalen durch Y_0 und X_0; Z_0 wird ihr Fernpunkt, also nach 3.2 der Antipol der jetzt durch H gehenden Fluchtlinie c_0. Das zeigt unsere Skizze [oben]: H liegt auf dem Horizont c_0, X_0 bei der hier gewählten Achsenrichtung rechts, Y_0 links von H. Das Fluchtdreieck ist *ausgeartet:* Zwei Ecken (X_0 und Y_0) liegen im Endlichen, eine (Z_0) liegt im Unendlichen. Das Bild eines Quaders heißt eine *Eckansicht,* wenn *nur ein Kantenfluchtpunkt Fernpunkt* ist, hier Z_0, wenn also nur eine Kantenschar auch im Bilde $\parallel$ erscheint, hier die Lotlinien [z.B. 3.6 Mitte].

Dreht man jetzt Achsenkreuz und Quader um die z-Achse so weit, daß die x-Achse $\perp \pi$ und die y-Achse $\parallel \pi$ wird [unten], so rücken X_0 nach H und Y_0 auf c_0 ins Unendliche: Jetzt sind *zwei Kantenfluchtpunkte* (Y_0 und Z_0) Fernpunkte, der dritte (X_0) liegt im Endlichen; zwei Kantenscharen des Kastens erscheinen im Bilde wieder $\parallel$. So entsteht eine bei uns schon mehrmals behandelte *Frontansicht* [z.B. 3.6 oben].

Denkt man sich endlich den Quader aus dieser Lage um die y-Achse ein wenig nach oben gedreht, sodaß z- und x-Achse nicht mehr vertikal bzw. horizontal sind, so liegen (wie man sich zunächst nur an Hand der unteren Skizze deutlich mache) Z_0 auf $b_0 = v$ unterhalb, X_0 oberhalb von H, beide also im Endlichen. Die Ebenen α und γ werden Breitenebenen, ihre Fluchtlinien a_0 und c_0 Breitenlinien durch Z_0 bzw. X_0, also horizontal, Y_0 ist ihr (und damit der einzige) Fernpunkt: Wieder erhalten wir eine *Eckansicht* des Quaders [z.B. 3.6 unten]. Wie sehen nun diese Front- und Eckansichten aus? Das zeigen uns die Zentralbilder der nächsten Nummer.

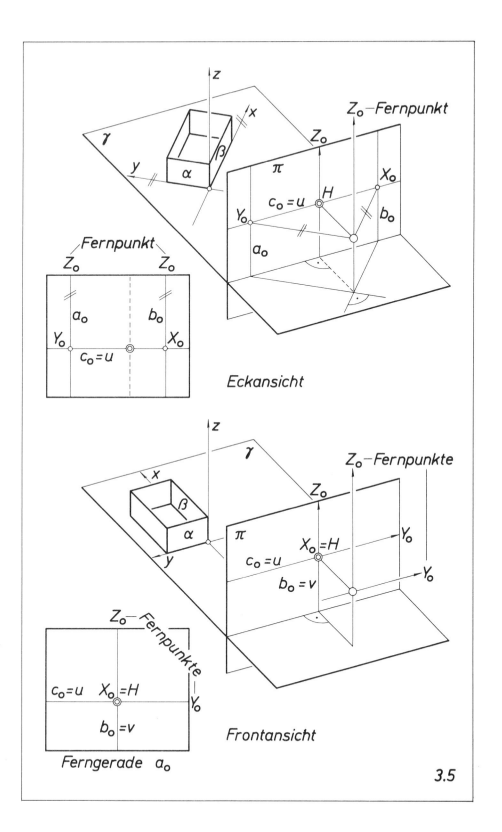

3.6 Front- und Eckansichten

Front- und Eckansichten haben ausgeartete Fluchtdreiecke — nur das soll diese Figurenseite anschaulich zeigen. Die untere Skizze in 3.5 liefert eine *Frontansicht* [oben links]: Die Kanten ∥ x sind Tiefenlinien mit dem Fluchtpunkt X_0 = H, die Kanten ∥ y oder ∥ z sind horizontal bzw. vertikal, ihre Fluchtpunkte Y_0 und Z_0 sind die Fernpunkte dieser Richtungen. Die Fluchtlinie a_0 der Frontebenen ∥ a ist zur Ferngeraden in π geworden, die Fluchtlinie b_0 der Ebenen ∥ β zur Vertikalen v durch H, die Fluchtlinie c_0 der Ebenen ∥ γ zum Horizont u. (Nach 3.2 ist a_0 die Antipolare von X_0 = H, b_0 und c_0 sind die Antipolaren der Fern-Fluchtpunkte Y_0 und Z_0 — so sagt man in der Geometrie!) Bei Frontansichten sind *stets zwei Achsenfluchtpunkte Fernpunkte.* Dreht man z.B. den Quader um die x-Achse [oben rechts], so bleiben c_0 und b_0 ∥ zur y- bzw. z-Achse: Auch dieses Bild ist eine *Frontansicht*, zwei Kantenscharen erscheinen wieder ∥.

Jetzt drehen wir den Quader aus der Anfangslage [oben links] um die z-Achse in die Stellung der oberen Skizze 3.5. Bei dieser *Eckansicht* ist — wie wir sahen — *nur ein Kantenfluchtpunkt* (Z_0) *Fernpunkt.* Will man eine solche wieder ohne Rücksicht auf Längenmaße skizzieren, so wählt man etwa X_0 rechts von H auf dem Horizont c_0 = u; dann bestimmt man Y_0 durch Umlegen des in diesem Fall horizontalen Rechtwinkelprofils $X_0 O Y_0$. Die Vertikalen a_0 durch Y_0 und b_0 durch X_0 sind die Fluchtlinien von a bzw. β, also die Antipolaren von X_0 bzw. Y_0. Setzt man jetzt zur Abkürzung $\overline{HX_0} = x_0 > 0$ und $\overline{HY_0} = y_0 < 0$, führt man also wie üblich für diese „*Abszissen*" Vorzeichen ein, so ist nach 3.2 (wenn man die dort eingeführten Querstriche für Strecken fortläßt):

$$x_0 \cdot y_0 = -d^2.$$

Für x_0 = n d wird $y_0 = -\frac{1}{n}$ d. In der Figur sind z.B. $x_0 = \frac{4}{5}$ d und $y_0 = -\frac{5}{4}$ d — das ist bequem für schnelles Skizzieren [Mitte].

Dreht man den Quader aus der Anfangslage [oben links] um die y-Achse, so erhält man — wie schon in 3.5 gezeigt — wieder eine *Eckansicht* [unten], bei der diesmal nur der Fluchtpunkt Y_0 Fernpunkt ist und X_0 und Z_0 auf v liegen. Nur die horizontalen Kanten erscheinen jetzt ∥. Zur Veranschaulichung sind die geneigten Quader in den Figuren durch Keile gestützt.

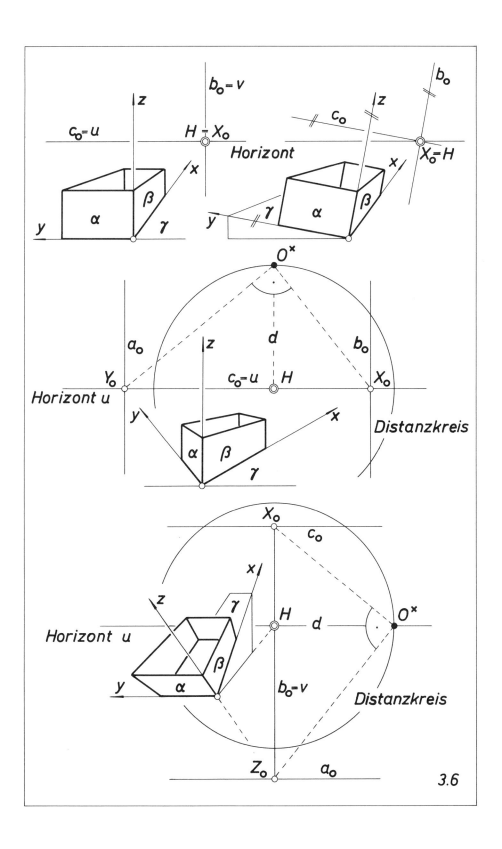

3.6

3.7 Kippansichten

Aus der gegebenen Eckansicht eines Achsenkreuzes mit eingebettetem Quader [3.6 Mitte] soll eine *Kippansicht* gewonnen werden, bei der also die *drei Achsenfluchtpunkte im Endlichen* liegen. Dreht man jenes Achsenkreuz um die horizontale x-Achse [oben], so bleiben y- und z-Achse in der vertikalen Normalebene a von x, ihre Fluchtpunkte Y_0 und Z_0 daher auf der Fluchtlinie a_0 von a. Um eines dieser gedrehten Achsenkreuze und einen Quader mit achsenparallelen Kanten zu skizzieren, wählen wir einen der beiden Fluchtpunkte auf a_0 beliebig, z.B. Y_0. Dann wird Z_0 auf a_0 von der Fluchtlinie b_0 ausgeschnitten: sie geht durch $X_0 \perp$ zur Höhe $Y_0 H$ des Fluchtdreiecks. Nun kann man durch die genullte Anfangsecke die Achsenbilder einzeichnen, auf ihnen Kanten von beliebigen, für die Skizze geeignet erscheinenden Längen, endlich die fehlenden Kanten. Da der Horizont u jetzt die zu a_0 gehörende Profillinie ist, wurde der in 3.6 mit Y_0 bezeichnete Punkt wie in 3.3 mit R_0 bezeichnet. Der die Ebene γ stützende Keil soll wieder die geneigte Lage des Quaders andeuten. Liegt Z_0 nicht auf dem Zeichenblatt, so verwendet man zum Einzeichnen der Kanten durch Z_0, z.B. der z-Achse, zwei parallele, zwischen a_0 und b_0 geklemmte *Proportionalmaßstäbe:* Jede Gerade durch Z_0 muß auf beiden Maßstäben Punkte mit gleichen (oder beim praktischen Zeichnen nahezu gleichen) Marken ausschneiden.

Ist eine Kippansicht, z.B. als Foto eines Tisches gegeben [unten] und weiß man, daß die zur Fluchtlinie c_0 gehörenden Ebenen horizontal waren, z.B. die Tischplatte, so kann man wie in 3.4 das zu c_0 gehörende Profil und damit die Distanz d ermitteln. Da der Fluchtstrahl OZ_0 (in der Umlegung $O^x Z_0$) in Wirklichkeit vertikal war [3.3 oben], zeichnet man dieses Profil so heraus, daß OZ_0 vertikal liegt [unten links]. Dann kann man die Richtung des Hauptstrahls und den Neigungswinkel φ der Tafel gegen die Horizontalebenen ablesen. In diese Profilfigur ist der Aufriß des Tisches mit willkürlichen, also nicht der Kippansicht entsprechenden Maßen, aber mit horizontaler Platte eingetragen, um die Stellung der Tafel (also z.B. der Filmebene des Fotogerätes) zu veranschaulichen. – Bei keiner der Skizzen wurden bisher Kanten von gegebener Länge eingezeichnet.

Interessante und lehrreiche Kippansichten – oft als Beispiele für das Ausmessen eines Fotos – finden sich in modernen Lehrbüchern über Darstellende Geometrie oder Photogrammetrie.

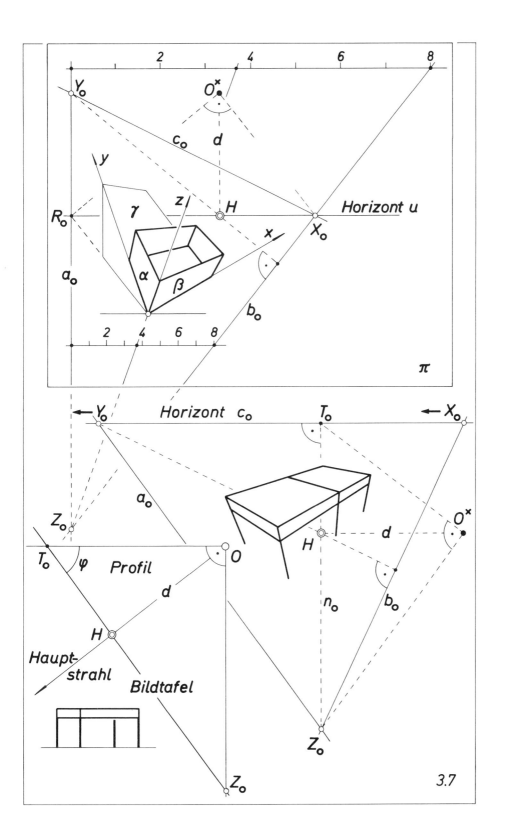

3.8 Vogel- und Froschperspektive

Vogel- und Froschperspektive liefern gute Beispiele für die drei Ansichten eines Quaders, nämlich meist *Kippansichten* (mit drei im Endlichen liegenden Kantenfluchtpunkten), oft *Eckansichten* (mit nur zwei „echten" Fluchtpunkten), in seltenen Fällen *Frontansichten* (mit dem Hauptpunkt H als einzigem Kantenfluchtpunkt). Die Tafel π soll niemals vertikal sein. Eine *Vogelperspektive* entsteht, wenn man das Objekt, z.B. eine Gebäudegruppe auf horizontaler Ebene γ, von einem darüber gewählten Augpunkt O aus aufnimmt [links oben und 3.3 oben]: Der Horizont, also die Fluchtlinie c_0 von γ verläuft in π horizontal über dem Hauptpunkt H. Auf c_0 liegen die Fluchtpunkte aller horizontaler Geraden, z.B. — falls man eine *Kippansicht* erstrebt, x- und y-Achse also nicht $\parallel \pi$ sind — deren Fluchtpunkte X_0 und Y_0 und der Fluchtpunkt T_0 der Spurnormalen in γ. Die Vertikalkanten gehen im Bilde durch den unterhalb von H liegenden Fluchtpunkt Z_0 [3.7 unten]. — Bei der *Froschperspektive*, also der Projektion von einem unter dem Objekt gewähltem Augpunkt O aus [rechts oben], laufen die Lotlinien im Bilde nach oben zusammen; der Horizont c_0 liegt jetzt unterhalb von H. Die auf den Kopf gestellte untere Figur 3.7 zeigt als Kippansicht die Froschperspektive horizontaler, an vertikalen Stäben aufgehängter Platten.

Dreht man [in 3.3 oben] das Achsenkreuz um die z-Achse, so daß die y-Achse $\parallel \pi$ und die x-Achse eine Spurnormale in γ wird, so wird aus dem echten Fluchtdreieck ein ausgeartetes: Y_0 rückt auf c_0 ins Unendliche, X_0 nach T_0 [in 3.7 unten durch Pfeile angedeutet]. Wir erhalten dann *Eckansichten* [Mitte]: Nur die Kanten $\parallel \pi$ erscheinen wieder $\parallel$. Die Fluchtlinien c_0, d.h. der Horizont, und a_0 gehen horizontal durch X_0 bzw. Z_0.

Frontansichten [unten] erhält man als Grenzfälle, wenn beim Fotografieren eines Turmes von oben oder unten die Filmebene horizontal liegt: Der Horizont ist zur Ferngeraden in π geworden, horizontale Figuren erscheinen ähnlich, Quadrate als Quadrate. — Die vier Bilder dieser Seite sind wieder — als Skizzen vergrößert — in der richtigen Stellung und Distanz zu betrachten.

Die Beispiele der letzten drei Nummern haben gezeigt: *In jedem Fluchtdreieck ist jede Seite die Antipolare der nicht auf ihr liegenden Ecke* — eine nur theoretisch bedeutsame Formulierung.

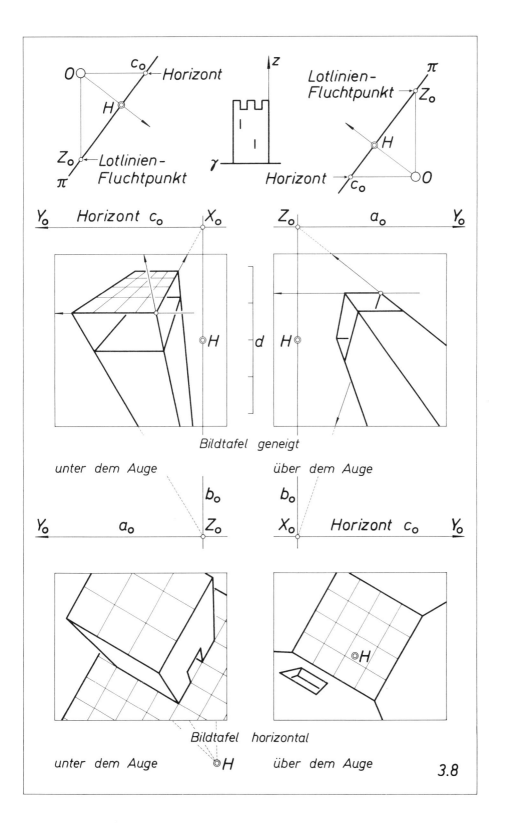

4. Winkelmessung

4.1 Der Winkelmeßpunkt

Die dritte Grundaufgabe der Perspektive behandelt zwei Fragen, die wir kurz als *Winkelmessung* zusammenfassen: Wie kann man aus einem Zentralbild den wahren Winkel φ ablesen, den zwei im Bilde dargestellte Geraden a und b einschließen? Und umgekehrt: Wie sind in ein Bild zwei Geraden einzuzeichnen, deren Winkel φ gegeben ist? Die Geraden sollen in einer Ebene ϵ liegen, deren *Fluchtlinie* e_0 *bekannt* sei [oben]. Nach dem Winkelsatz bilden die Fluchtstrahlen von a und b, die ja deren Fluchtpunkte A_0 und B_0 erzeugen, ebenfalls den Winkel φ. Wir drehen daher die von ihnen aufgespannte Fluchtebene ϵ_0 in die Tafel π hinein; das ist auf zwei Arten möglich. Dabei fällt der zu e_0 senkrechte Sehstrahl, der ja auf e_0 den Fluchtpunkt R_0 aller Spurnormalen von ϵ ausschneidet (3.2), in die Gerade $l_0 \perp e_0$ durch den Hauptpunkt H, die wir die Profillinie von ϵ nannten, und O in einen Punkt O^ϵ auf l_0: Er heißt ein *Winkelmeßpunkt von* ϵ. Jede Ebene besitzt also zwei Meßpunkte auf l_0. Speziell liefert jede Tiefenebene, deren Fluchtlinie stets durch H geht, zwei Meßpunkte auf dem Distanzkreis. So ist in 3.2 der Punkt O^x ein Winkelmeßpunkt aller Profilebenen λ und deshalb jetzt mit O^λ zu bezeichnen. Daher gilt allgemein:

Zu einer Ebene ϵ gehören zwei Meßpunkte O^ϵ auf der Senkrechten durch H zu ihrer Fluchtlinie e_0. Beide haben von e_0 den gleichen Abstand wie der Augpunkt.

Diesen Abstand $\overline{OR_0}$ findet man durch Umlegen des rechtwinkligen Dreiecks O H R_0, wobei O in einen Punkt O^x des Distanzkreises fällt [unten]. Die Umlegung wird entbehrlich, wenn man $\overline{OR_0}$ mit einem Papierstreifen aus einem *Rechtwinkelprofil* abgreift, das man an den Bildrand setzt und das für alle auftretenden Ebenen verwendbar ist: Sein fester Schenkel ist $\overline{HO} = d$, den anderen macht man gleich $\overline{HR_0}$; die Hypotenuse ergibt $\overline{OR_0} = \overline{O^\epsilon R_0}$.

Will man also in ein Bild zwei in ϵ liegende Geraden einzeichnen, die einen gegebenen Winkel φ bilden, so bestimmt man am besten den Winkelmeßpunkt O^ϵ, der dem Hauptpunkt am nächsten liegt; dann wählt man die Geradenfluchtpunkte A_0 und B_0 auf der Fluchtlinie e_0 von ϵ so, daß der Winkel $A_0 O^\epsilon B_0 = \varphi$ wird. Ebenso mißt man den Winkel zweier beliebiger Geraden in ϵ.

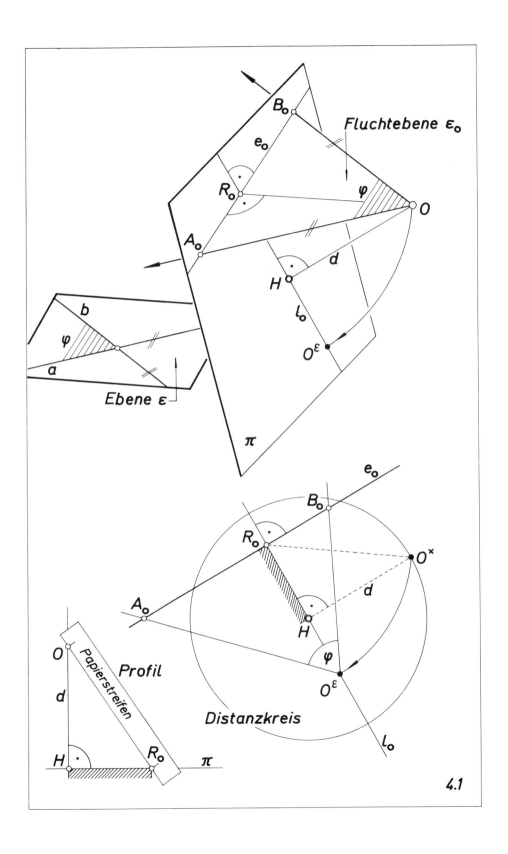

4.1

4.2 Der Drehsehnenfluchtpunkt

Jeder Winkelmeßpunkt O^ϵ einer Ebene ϵ hat eine für die schnelle Gestaltung eines Zentralbildes wichtige Bedeutung. Dreht man nämlich eine Ebene ϵ, in der Figuren zu messen oder (im Bilde) zu gestalten sind, um eine Frontlinie in eine Lage $\parallel \pi$ oder speziell um ihre Spur in π hinein, so beschreibt jeder Punkt einen Kreisbogen. Das ist bei vertikaler Tafel π oben links im Grundriß für eine Hauswand ϵ, rechts im Querschnitt für eine Dachebene ϵ gezeigt. Die in diese Bögen eingespannten Drehsehnen sind $\parallel$. Wir suchen ihren Fluchtpunkt, weil man mit seiner Hilfe die Drehsehnen zwischen einer Figur in ϵ und der gedrehten Figur im Bilde zeichnen und damit − wie wir später zeigen − jene Figur sehr bequem perspektivisch in das Bild einzeichnen kann. Drehen wir auch die Fluchtebene ϵ_0 im gleichen Drehsinn wie ϵ um die Fluchtlinie e_0 (die in diesen Skizzen als Punkt erscheint) in π hinein, so gelangt dadurch O an die als Winkelmeßpunkt bezeichnete Stelle O^ϵ. Nun ist aber der Sehstrahl $OO^\epsilon \parallel$ zu den Drehsehnen, d.h.: *Jeder Winkelmeßpunkt ist zugleich ein Drehsehnenfluchtpunkt.* In vertikaler Tafel liegt er für Lotebenen [oben links] auf dem Horizont u, für Breitenebenen [oben rechts] auf der Vertikalen v; das zeigen sehr schön die Figuren 4.5 und 4.6. Will man O^ϵ in der Tafel π z.B. für die Wand ϵ konstruieren [unten], so bestimmt man den Abstand $\overline{OR_0}$ des Auges von der Wandfluchtlinie e_0 als Hypotenuse eines rechtwinkligen Dreiecks mit den Katheten d und HR_0 und überträgt ihn von R_0 aus auf den Horizont u.

In den beiden mittleren Figuren sind spezielle Ebenen δ und γ gewählt. Links soll eine Wand δ, die $\perp \pi$ ist, also eine vertikale Tiefenebene nach rechts in π hineingedreht werden. Die Fluchtebene δ_0 geht durch H, die Drehsehnen bilden Winkel von 45° mit der Tafel; der Drehsehnenfluchtpunkt O^δ ist jetzt der linke Distanzkreispunkt auf dem Horizont u [unten]. Rechts wird eine horizontale Tischebene γ nach oben in π hineingedreht. Jetzt wird der Drehsehnenfluchtpunkt O^γ der untere Distanzkreispunkt auf der Vertikalen v durch H [unten]. Meßpunkte auf dem Distanzkreis nennen wir kurz *Distanzpunkte* und bezeichnen sie später mit D_1. In den Figuren sind *Meßpunkte stets fett,* d.h. durch kleine schwarz ausgefüllte Kreise bezeichnet.

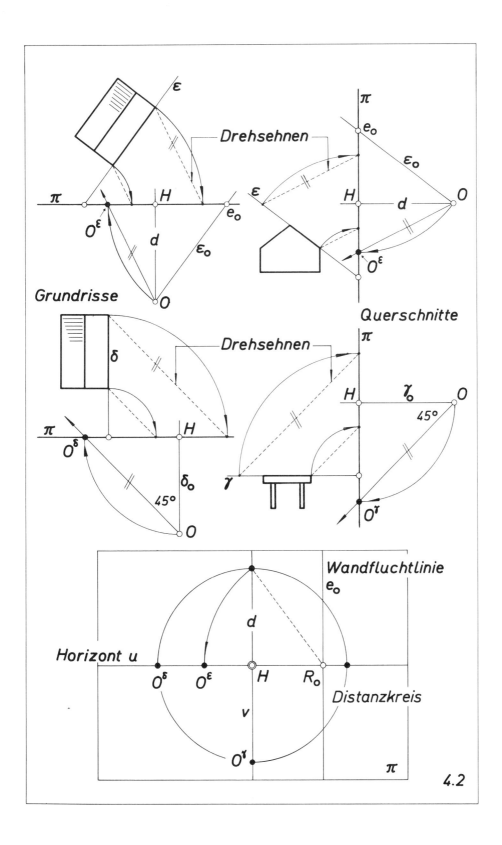

4.3 Winkel in Tiefenebenen

Bei Anwendungen sind i.a. der Hauptpunkt H, der Horizont u und die Distanz d bekannt, ferner die Fluchtlinie einer Ebene, in die Winkel einzuzeichnen sind. Stets veranschauliche man sich zunächst – relativ zum vertikal gehaltenen Bildblatt – die Lage jener Ebene, ihrer Fluchtebene und deren Umlegung, die den nötigen Winkelmeßpunkt liefert. Auf der bekannten Fluchtlinie sind dann die Fluchtpunkte von Geraden so zu wählen oder zu bestimmen, daß sie von diesem Meßpunkt aus unter gegebenen Winkeln gesehen werden. Wir wollen z.B. Quadrate, gleichseitige Dreiecke und ein aus ihnen aufgebautes Sechseck – wieder ohne Längenmaße! – in eine horizontale Ebene γ einzeichnen [oben und Mitte]. Durch Umlegen der horizontalen Fluchtebene nach unten erhält man wie in 4.2 auf dem Distanzkreis den Meßpunkt O^γ, den *unteren Distanzpunkt* D_1. Ihn benutzten wir schon in 1.9 noch ohne Begründung. Die Bilder zweier zueinander rechtwinkliger Richtungen und ihre Fluchtpunkte nennt man *konjugiert*, die Abstände der Fluchtpunkte von H die *Abszissen* x_0 und y_0; sie sind wieder – gemessen in der Einheit d – negativ reziprok. Auf u wählt man die Fluchtpunkte X_0 und Y_0 für die Quadratseiten und G_0 für eine Diagonale, ferner A_0, B_0 und C_0 für die Dreiecksseiten so, daß die Sehwinkel am Meßpunkt D_1 für die Strecken $\overline{X_0 G_0}$ und $\overline{G_0 Y_0}$ je 45°, für die Strecken $\overline{A_0 B_0}$ und $\overline{B_0 C_0}$ je 60° werden. Dann lassen sich Quadrate und Dreiecke mit gemeinsamer Seite [in der Reihenfolge 1, 2, ...] skizzieren, wenn man die ersten Seiten durch X_0 und A_0 beliebig wählt. Für nicht erreichbare Fluchtpunkte [z.B. für A_0] verwendet man *Proportionalmaßstäbe* [3.7].

Will man durch eine Breitenlinie ein Brett legen [unten], so wird dessen Neigungswinkel φ gegen die Horizontalrichtung in einer vertikalen Tiefenebene mit der Fluchtlinie v durch H gemessen: φ erscheint also in wahrer Größe wie in 4.2 am Meßpunkt O^δ von δ, z.B. dem *linken Distanzpunkt* D_1. Ist B_0 auf v der Fluchtpunkt der langen Brettkanten, C_0 der Fluchtpunkt der Normalenrichtung des Brettes und A_0 der Kantenfluchtpunkt für ein Brett durch dieselbe Breitenlinie, aber mit halber Neigung (vertikale Kathete durch horizontale Kathete!), so sind B_0 und C_0 konjugiert, ferner ist $\overline{HA_0} = \overline{A_0 B_0}$.

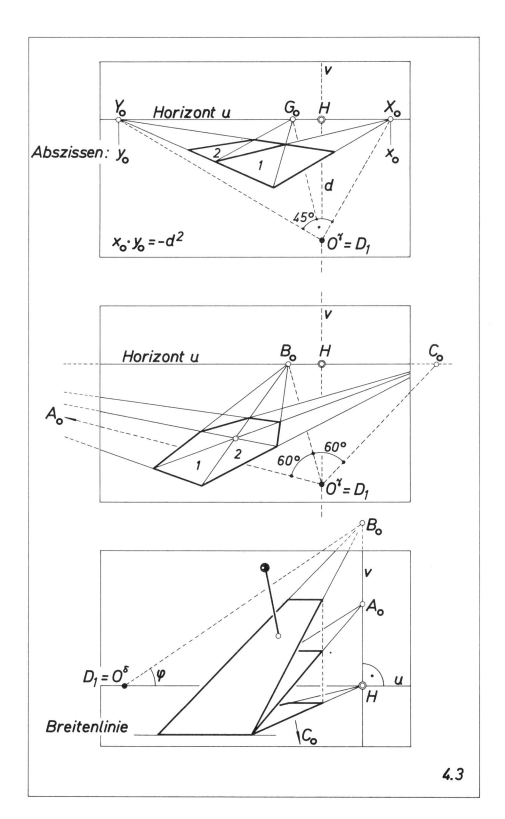

4.3

4.4 Winkel in vertikalen und geneigten Ebenen

Winkel in vertikalen und geneigten Ebenen werden ebenfalls nach der am Anfang der vorigen Nummer zusammengefaßten Methode eingezeichnet oder gemessen. Als Beispiel [oben] wurde in der horizontalen Bodenebene γ zunächst ein rechteckiger Rahmen mit den Kantenfluchtpunkten X_0 und Y_0 auf dem Horizont u skizziert, diesmal mit Hilfe der nach oben umgelegten horizontalen Fluchtebene, also des *oberen Distanzpunktes* D_1 als Meßpunkt O^γ. Nun sollen über den durch X_0 gehenden Seiten rechtwinklige Dreiecke vertikal so aufgestellt werden, daß ihre schrägen Seiten, also die Hypotenusen, die Neigungswinkel φ mit γ bilden. Die Fluchtlinie dieser vertikalen Dreiecksebenen [z.B. β] ist die Vertikale b_0 durch X_0. Durch Umlegen der Fluchtebene in die Tafel gewinnen wir einen Meßpunkt O^β, der — so sagt unsere erste Überlegung — jedenfalls auf dem Lot von H auf b_0, diesmal also dem Horizont u liegen muß. Wir suchen seinen Abstand von b_0, also von X_0, der ja ebenso groß ist wie der des Augpunktes O von X_0. Diesen Abstand aber entnehmen wir aus der vorher benutzten oberen Umlegung, nämlich die Strecke $\overline{X_0 D_1}$, die wir daher [wie in 4.2 unten] um X_0 auf u drehen. Jetzt wird in O^β der gegebene Winkel φ so angetragen, daß ein Schenkel nach X_0 weist; der andere schneidet auf b_0 den Fluchtpunkt N_0 der schrägen Stäbe aus, die durch ihn festgelegt sind.

Nun wird in das schräge Rechteck des Gestells, also in der geneigten Ebene ϵ, ein Stab als Diagonale eingesetzt [unten]. Gesucht wird der Winkel ψ, den er mit den horizontalen Stäben in ϵ bildet. Die Fluchtlinie e_0 von ϵ ist die Verbindungsgerade der Fluchtpunkte Y_0 und N_0. Auf ihrem Lot durch den Hauptpunkt H liegen die beiden Winkelmeßpunkte O^ϵ. Ihre Abstände von e_0, die wir nun ermitteln müssen, sind ebenso groß wie der des Auges O von e_0, also vom Lotfußpunkt R_0. Diesen Abstand aber erhält man wie in 4.1 durch Umlegen des rechtwinkligen Dreiecks $O H R_0$ in die Tafel: O kommt an die Stelle $O^\times$, $\overline{HO^\times} = d$ entnimmt man aus der oberen Figur, $\overline{R_0 O^\times}$ ist der gesuchte Abstand. Die Strecke auf e_0 zwischen den Fluchtpunkten der beiden Stäbe erscheint von O^ϵ aus unter dem gesuchten Winkel ψ, die Strecke $\overline{Y_0 N_0}$ (zur Kontrolle!) unter 90°. Natürlich braucht man nur einen der beiden eingezeichneten Meßpunkte O^ϵ.

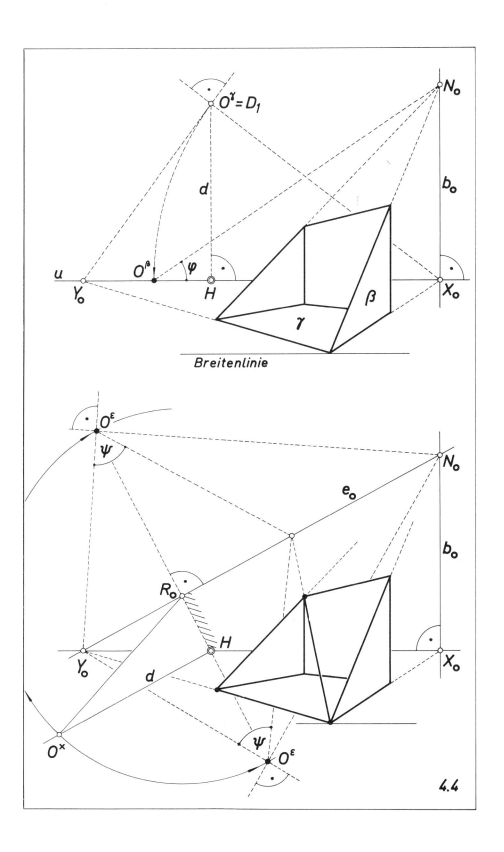

4.4

4.5 Figuren in Wänden

Wir nehmen an, ein Zeichner habe in vertikaler Tafel das Bild ϵ' einer rechteckigen Wand ϵ willkürlich skizziert [oben], die horizontalen Kanten durch einen Fluchtpunkt X_0 auf dem Horizont u, die vertikalen wieder vertikal. Um Figuren von gegebener Form, z.B. Kreise in dieses Rechteck einzeichnen zu können, sucht er zunächst dessen wirkliche Gestalt, also das Verhältnis seiner Kanten. Er wählt deshalb im Bilde der Wandebene eine beliebige Vertikale e als *Drehachse* und denkt sich ϵ um e in eine frontale Lage gedreht. Nach 4.2 [oben links] erhält er das Bild dieser sogenannten *Umlegung* $\epsilon^{\times}$ von ϵ so:

Die [fett markierten] Punkte auf der Achse e bleiben bei der Drehung fest, insbesondere die beiden Horizontalkanten-Punkte; durch diese zeichnet er also zunächst die gedrehten Kantenlinien $\perp$ e. Dann sucht er die Bilder der (diesmal horizontalen) Drehsehnen zwischen den Punkten der Wand und ihrer Umlegung. Ihr Fluchtpunkt auf u ist zugleich der Meßpunkt O^{ϵ} von ϵ; sein Abstand von X_0 ist gleich dem Abstand des Auges von X_0, also auch des unteren Distanzpunktes D_1 von X_0. Mit den [dünn gestrichelten] Drehsehnen durch O^{ϵ} überträgt er die vier Wandecken auf die gedrehten Horizontalkanten. Damit ist das *Urbild* $\epsilon^{\times}$ gefunden.

Sucht der Zeichner nun das Bild P' eines beliebigen Punktes $P^{\times}$ dieses Urbildes, so legt er durch $P^{\times}$ eine Hilfslinie $g^{\times} \perp$ e, bestimmt ihr Bild g' durch X_0 und überträgt $P^{\times}$ mit Hilfe einer Drehsehne auf g'. Die einfache Beziehung oder – wie man in der Geometrie zu sagen pflegt – *Verwandtschaft* zwischen den beiden Figuren ϵ' und $\epsilon^{\times}$ in der Zeichenebene heißt eine *Perspektivität*. Sie besitzt zwei Grundeigenschaften: 1. Die Verbindungsgerade *gekoppelter* Punkte P' und $P^{\times}$ geht durch ein *festes Zentrum*, bei uns den Drehsehnenfluchtpunkt O^{ϵ}. 2. Der Schnittpunkt *gekoppelter* Geraden g' und $g^{\times}$ liegt auf einer *festen Achse*, bei uns der Drehachse e. – ϵ' heißt das *Bildfeld*, $\epsilon^{\times}$ das *Urfeld*.

Will der Zeichner das gewonnene Urbild $\epsilon^{\times}$ um e in eine Tiefenwand zurückdrehen und deren Bild ϵ'' bestimmen [unten], so wird [4.2 Mitte links] der *linke Distanzpunkt* D_1 das *Zentrum* der neuen Perspektivität zwischen Bild und Umlegung. – Die Bilder der Drehsehnen heißen die *Ordner* der Perspektivität. Die Pfeile in den Figuren geben die Richtung der Übertragung an.

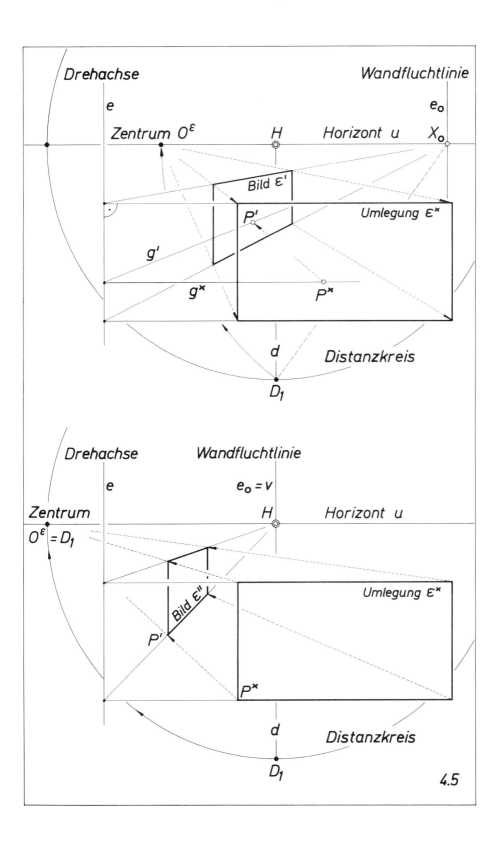

4.6 Figuren in Horizontalebenen

Figuren in Horizontalebenen treten meist als Grundriß in einer Bodenebene γ auf. Wir drehen diese [wie in 4.2 Mitte rechts] um die Spur c als *Achse* in die Tafel π [oben], z.B. die vor c liegende Halbebene nach unten. Der untere Distanzpunkt D_1 wird dann der Drehsehnenfluchtpunkt, also das Zentrum der in 4.5 erklärten *Perspektivität* zwischen Bild und Umlegung einer Figur in γ. Die Querschnittsskizze zeigt, daß der *Abstand des Zentrums von der Fluchtlinie,* hier also dem Horizont, gleich dem *Abstand der umgelegten Verschwindungslinie* c_v *von der Achse* ist, d.h. in unserem Spezialfall gleich der Distanz d.

Mit Hilfe dieser Perspektivität läßt sich aus einem gegebenen Grundriß in der Bodenebene γ dessen Bild, der *perspektive Grundriß* gewinnen [unten]. In der Zeichenebene werden nur der Horizont u, der Hauptpunkt H, der untere Distanzpunkt D_1 und in geeignetem Abstand von u die Spur c von γ gewählt und der Grundriß als *Umlegung* $\dot{\gamma}$ aufgeheftet, z.B. ein Rechteck mit zwei Kanten $\perp$ c. Seine Elemente bezeichnen wir jetzt durch Buchstaben mit darüber gesetzten Punkten. Das Bild γ' soll auf einem transparenten Blatt entstehen, das an den Stellen H und D_1 mit Nadeln befestigt wird; es soll möglichst frei bleiben von Hilfslinien. Die Bilder der Tiefenkanten des Rechtecks gehen durch H, ihre Ecken überträgt man mit *Ordnern* durch das Zentrum, den Bildern der Drehsehnen. Von der durch einen Grundrißpunkt $\dot{P}$ *gedachten* Tiefenlinie markiert der Zeichner nur deren Spurpunkt auf der durchscheinenden Achse mit Hilfe eines Lineals, dreht dieses dann um den Spurpunkt, also die Bleistiftspitze so weit, daß es sich an die Nadel H anlehnt, und zeichnet vom Bild jener Tiefenlinie nur ein kurzes Stück ungefähr dort, wo er das Bild P' vermutet. Dieses wird lediglich als Punkt auf jenem Linienstück mit dem Lineal markiert, das jetzt durch $\dot{P}$ gelegt und an die Nadel D_1 gelehnt wird.

In der Umlegung suchen wir noch den Punkt $\dot{Q}$ auf einer Tiefenlinie $\dot{t}$, für den der Ordner $D_1\dot{Q}$ $\parallel$ zum Bild t', das Bild Q' also der Fernpunkt von t' wird. $\dot{Q}$ ist daher ein Verschwindungspunkt, durch $\dot{Q}$ geht die *umgelegte Verschwindungslinie* $\dot{c}_v$ $\parallel$ zur Achse c. Ihr Abstand von c – so zeigt auch diese Figur – ist gleich der Distanz d. Eingezeichnet im umgelegten Grundriß, dem Urbild, ist auf $\dot{c}_v$ auch der *Standpunkt* $\dot{O}$ [2.2 und 2.4].

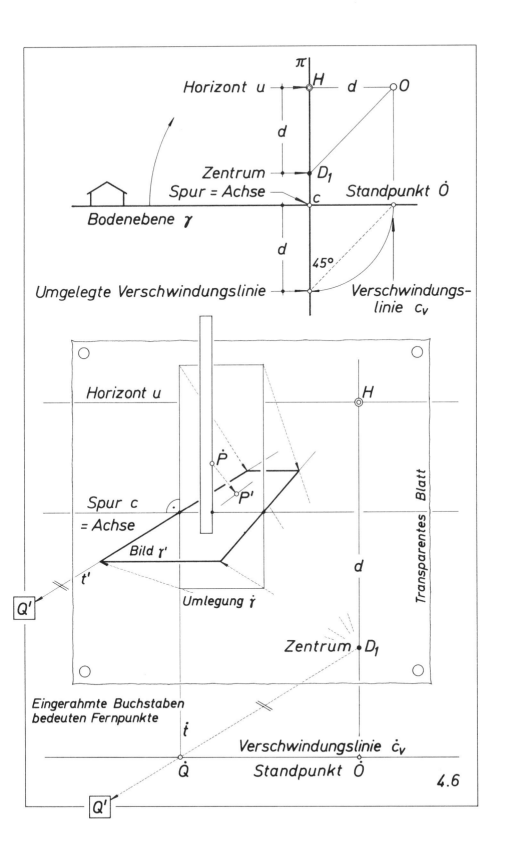

4.7 Figuren in geneigten Ebenen

Figuren in geneigten Ebenen werden ebenfalls mit Hilfe der perspektiven Verwandtschaft zwischen Bild und Umlegung eingezeichnet oder − der Gestalt nach − ausgemessen. Gegeben sei z.B. wie in 4.4 das Bild ϵ' eines geneigten rechteckigen Rahmens ϵ, der Horizont u und der Hauptpunkt H [oben]. Wir suchen die wahre Gestalt des Rahmens, also seine Umlegung $\epsilon^\times$. Die Fluchtpunkte Y_0 der horizontalen und N_0 der geneigten Kanten liefern die Fluchtlinie e_0 von ϵ. Der Meßpunkt O^ϵ, also der Drehsehnenfluchtpunkt und mithin des Zentrum Z unserer Perspektivität liegt auf dem Lot von H auf e_0. Seinen Abstand von e_0 kann man aus 4.4 übernehmen; in unserem Beispiel aber wird die Strecke $\overline{Y_0 N_0}$ von O^ϵ aus nach dem Winkelsatz unter rechtem Winkel gesehen. Daher liegt $O^\epsilon = Z$ auf dem Halbkreis über $\overline{Y_0 N_0}$.

Nun wählen wir [unten] eine Achse $e \parallel e_0$, um die wir uns die Ebene ϵ in eine frontale Lage gedreht denken. Dabei bleiben die [wieder fett markierten] Achsenpunkte der Kanten fest. Die Geraden durch Z, also die Drehsehnenbilder, die gekoppelte Punkte von ϵ' und $\epsilon^\times$ verbinden [z.B. P' und $P^\times$], nannten wir die *Ordner* der Perspektivität (4.5). Da jeder Fluchtpunkt das Bild eines Fernpunktes ist, bezeichnen wir − um das zum Ausdruck zu bringen − Y_0 und N_0 vorübergehend mit A' und B': Zu ihnen gehören in der Originalebene ϵ zwei Fernpunkte A und B, in der Umlegung also die Fernpunkte $A^\times$ und $B^\times$ der Ordner $\overline{ZA'}$ und $\overline{ZB'}$. Durch $A^\times$ und $B^\times$ gehen in der Umlegung die Rahmenkanten, d.h.: *Jede umgelegte Kante ist $\parallel$ zum Ordner durch ihren Fluchtpunkt.* Das gilt auch für die Spezialfälle 4.5 und 4.6. Die Rahmenecken überträgt man mit Ordnern aus dem Bild ϵ' in das Urbild $\epsilon^\times$. Umgekehrt gewinnt man so von einer im Urbild gegebenen Figur, z.B. einem Kreis, das Bild. Dabei benutzt man für jeden Punkt am besten Hilfslinien $\parallel$ zu den horizontalen Rahmenkanten, außerdem wie immer die Ordner.

Unsere Umlegung liefert [wie auch in 4.5] nur die Gestalt, nicht die wirkliche Größe des Rechtecks. Jede Umlegung ist ja das *Bild* der in eine Frontlage gedrehten Figur, hängt also von der Wahl der Drehachse e ab. Verschiebt man $e \parallel$, so erhält man in π größere oder kleinere, aber stets einander ähnliche Rechtecke mit dem Ähnlichkeitszentrum Z.

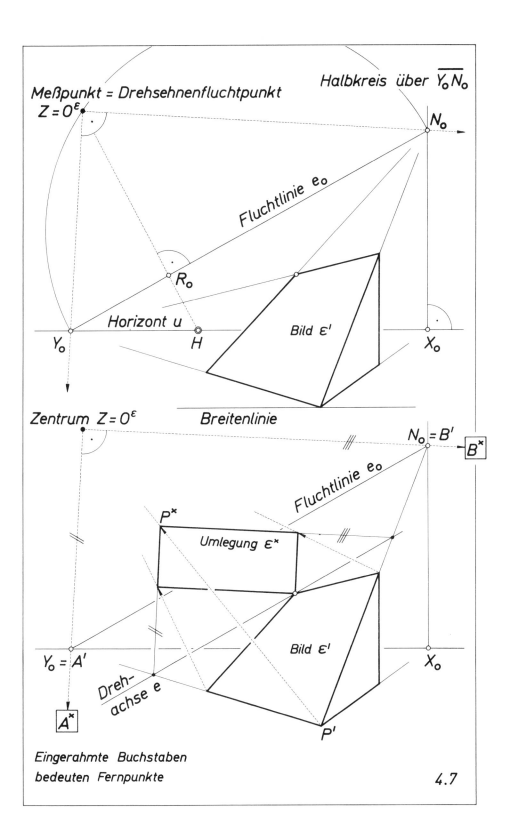

4.8 Theoretisches Intermezzo: Die Perspektivität*

Die Perspektivität ist eine Verwandtschaft zwischen zwei Figuren oder allgemeiner zwei Feldern in der Bildtafel, dem Bild ϵ' einer ebenen Figur ϵ und deren Umlegung ϵ^x, also dem Urbild, kurz: dem *Bildfeld* ϵ' und dem *Urfeld* ϵ^x. Jeden Punkt der Bildtafel kann man als Punkt von ϵ' oder ϵ^x deuten und dementsprechend beschriften. Stets ist ihm im anderen Feld genau ein Punkt zugeordnet. Durchläuft er eine Gerade seines Feldes, so tut das auch sein Partner im anderen Feld. *Gekoppelte,* d.h. zusammengehörige Punkte P' und P^x [oben] liegen auf einem *Ordner,* nämlich einer Geraden durch ein festes *Zentrum* Z (den Drehsehnenfluchtpunkt); gekoppelte Geraden g' und g^x treffen sich auf einer festen *Achse* e (der Drehachse). Für Frontgeraden sind g' und $g^x \parallel$ e, sie treffen sich auf e im gemeinsamen Fernpunkt. Nur das Zentrum Z und die Punkte der Achse e sind *Fixpunkte:* Wählt man $P' = Z$ oder auf e, so wird $P^x = P'$.

Die Perspektivität ist festgelegt, wenn das Zentrum Z, die Achse e und zwei Punkte P' und P^x auf einem Ordner (aber $\neq$ Z und nicht auf e) gegeben sind. Dreht man nämlich gekoppelte Geraden g' und g^x um P' und P^x, so überstreichen beide die ganze Ebene. In jeder Lage schneiden die Ordner auf ihnen zwei Partner, z.B. A' und A^x aus. So kann man zunächst die nicht auf $P'P^x$ liegenden Punkte beider Felder paaren und dann ebenso die Punkte auf $P'P^x$, wenn man von einem der gewonnenen Paare A', A^x ausgeht.

Schneidet man die Geraden g' und g^x mit den zu ihnen parallelen Ordnern [unten], so erhält man im Endlichen R' auf g' und Q^x auf g^x. Die Partner R^x und Q' sind Fernpunkte. Mit den Bezeichnungen in 2.1 und 2.2 ist also $R' \equiv G_0$ der *Fluchtpunkt* im Felde ϵ', d.h. das Bild eines Fernpunktes, und $Q^x \equiv G_v^x$ der *Verschwindungspunkt* im Felde ϵ^x, d.h. ein Punkt, dessen Bild ein Fernpunkt ist. Durch R' geht die *Fluchtlinie* $f' \equiv e_0 \parallel$ e des Bildfeldes, durch Q^x die *Verschwindungslinie* $e_v^x \equiv \parallel$ e des Urfeldes. Zu jeder gehört im anderen Feld die *Tafelferngerade.* — Die Figur zeigt: *Der Abstand des Zentrums von der Fluchtlinie ist gleich dem Abstand der Verschwindungslinie von der Achse* (4.6).

Aus dem Urfeld überträgt man einen Punkt ins Bildfeld am besten mit einer Hilfslinie $n^x \perp$ e: Der Ordner $\perp$ e liefert auf e_0 den Fluchtpunkt N_0 und damit das Bild n' durch N_0 (4.5 und 4.6).

---
* Entbehrlich für Zeichner

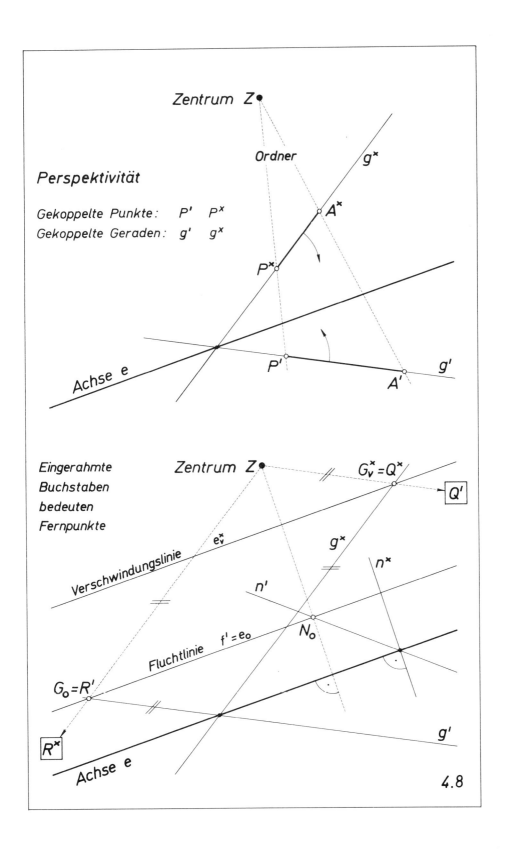

5. Streckenmessung

5.1 Der Streckenmeßpunkt

Der Streckenmeßpunkt dient dazu, um die vierte und letzte Grundaufgabe der Perspektive zu behandeln, nämlich zwei Fragen, die wir kurz als *Streckenmessung* zusammenfassen: Wie kann man aus einem fertigen Bild die wahre Länge einer Kante ablesen? Und umgekehrt: Wie ist im Bilde auf einer Geraden g, deren Fluchtpunkt G_0 bekannt sei, eine Strecke von gegebener Länge einzuzeichnen? Wir legen durch g eine Ebene ϵ [oben] und drehen g in ϵ um den Spurpunkt G auf die Spur e von ϵ (oder eine Frontlinie ∥ e) und ebenso den Fluchtstrahl OG_0 um G_0 in der zugehörigen Fluchtebene im gleichen Drehsinn auf die Fluchtlinie e_0. Dabei fällt O in einen Punkt G_1 auf e_0. Die in die Drehkreisbögen eingespannten Drehsehnen sind ∥ OG_1, daher ist G_1 ihr Fluchtpunkt. Er heißt ein *Streckenmeßpunkt* von g. Es gibt für g zwei Drehrichtungen und also auf e_0 zwei Meßpunkte symmetrisch zu G_0.

Wählt man statt ϵ eine andere Drehungsebene durch g, so liefert diese eine neue Fluchtlinie durch denselben Fluchtpunkt G_0 und auf ihr wieder zwei Meßpunkte. Alle diese Meßpunkte liegen auf einem Kreis um G_0, dem *Meßkreis*: Zu jeder Geraden gehört in der Bildtafel ein Meßkreis. Sein Mittelpunkt ist ihr Fluchtpunkt, sein Radius dessen Abstand vom Augpunkt O. Auf der Fluchtlinie der gewählten Drehungsebene schneidet der Meßkreis zwei Streckenmeßpunkte G_1 zur Auswahl aus, für die also $\overline{G_1 G_0} = \overline{OG_0}$ ist.

In der Bildtafel π [Mitte] seien der Hauptpunkt H, die Distanz d, der Fluchtpunkt G_0 und eine Fluchtlinie e_0 durch G_0 bekannt. Dann bestimmt man als ersten Schritt stets den Abstand $\overline{OG_0}$, entweder durch Umlegen des Profildreiecks O H G_0, wobei O in einen Distanzkreispunkt O^x fällt, oder besser wie in 4.1 mit einem festen *Profil-Rechtwinkelhaken*. Dieser Abstand wird auf e_0 von G_0 aus übertragen und liefert einen Streckenmeßpunkt G_1.

Als zweiter Schritt folgt dann [unten] die Streckenübertragung von der Bildgeraden g' auf die Spur e als *Meßlinie* beim Ausmessen des Bildes oder umgekehrt von dieser auf die Bildgerade beim Einzeichnen gegebener Längen, und zwar mittels der [wieder dünn punktierten] Drehsehnenbilder durch G_1, kurz: der G_1-*Linien*. Das zeigen wir in 5.2 für die drei in der Praxis wichtigen Fälle.

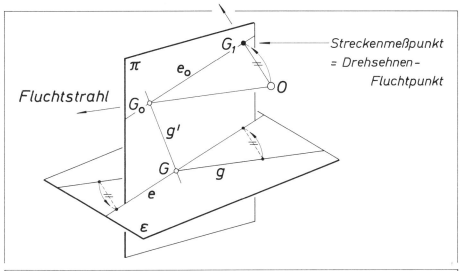

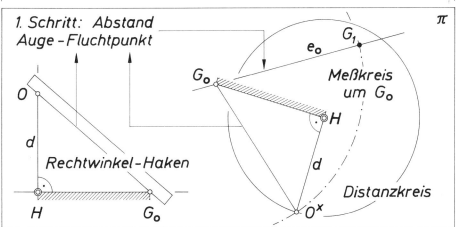

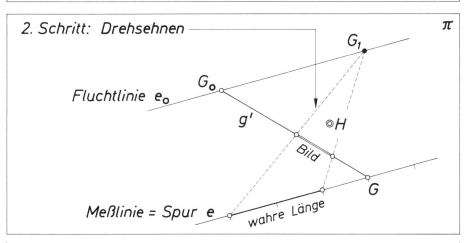

5.1

5.2 Einzeichnen und Messen von Strecken

5.2₁ Breiten-, Lot- und Tiefenlinien treten in jeder Frontansicht auf. Wir wählen z.B. die eines Koordinatengitters [oben]: Die Achsen x und z mit geeignet gewähltem *Breiten-* bzw. *Höhenmaßstab* liegen in der Tafel π, und zwar x als Standlinie, also Spur der Bodenebene ∥ zum Horizont u. Ihr Abstand von u ist – im Maßstab der Bildebene – die *Augenhöhe* [z.B. 2 m]. Die Achse y ist Tiefenlinie, H ihr Fluchtpunkt, d sein Abstand vom Augpunkt, der *Distanzkreis* also der *Meßkreis der Tiefenlinien;* jeder seiner Punkte kann als *Meßpunkt* dienen je nach der Ebene, in der man die Tiefenlinie in die Tafel dreht. Für y wählen wir die Bodenebene und daher einen der Distanzpunkte D_1 auf u als Meßpunkt: Von D_1 aus projiziert man den x-Maßstab auf y, erhält so den *Tiefenmaßstab* und durch Hinzufügen von Breiten- und Tiefenlinien ein Quadratnetz. Seine Diagonalen, auch *Gehrungs-* oder *45°-Linien* genannt, haben die Fluchtpunkte D_1. In dieses Netz kann man das Bild einer ebenen Figur einskizzieren, wenn man sie in ein entsprechendes Netz einbettet und ihre Punkte nach Augenmaß in die richtigen Maschen einträgt. So verfuhr schon Alberti [7.1].

Den x- oder z-Maßstab überträgt man mit Tiefenlinien auf beliebige Breiten- oder Lotlinien [z.B. c oder den Stab], die dadurch ihre eigenen *natürlichen,* d.h. unverzerrten Maßstäbe erhalten und so als *Meßlinien* benutzt werden können. Will man z.B. eine Strecke von der Länge r auf der Tiefenlinie t von A aus nach hinten abtragen, so legt man durch A die Breitenlinie c, trägt auf c als Meßlinie $\overline{AB^x}$ = r im Maßstab von c (entgegengesetzt zur Richtung $\overrightarrow{HD_1}$) ab und projiziert B^x von D_1 aus auf t nach B. Bei unzugänglichem D_1 benutzt man auf u den *Teildistanzpunkt* D_2, der $\overline{HD_1}$ halbiert, und auf c die Mitte M von $\overline{AB^x}$: Dann trifft D_2M ebenfalls t in B. Allgemeiner: Hat eine Strecke auf c die Länge r, gemessen im Maßstab von c, so liefern die D_2-Linien durch ihre Endpunkte auf jeder Tiefenlinie eine Strecke mit der wahren Länge 2r. Auch in unserem Beispiel [unten] wurden aus den Punkten des Breitenmaßstabs mit den Marken n mit Hilfe von D_2 die Punkte des Tiefenmaßstabs mit den Marken 2n gewonnen. Als Sehkreis wurde hier – wie in der Praxis üblich – ein Kreis mit dem Radius 0,6 d (statt 0,5 d) zugelassen. Auch sein Inneres kann ein ruhendes Auge von O aus i.a. überblicken.

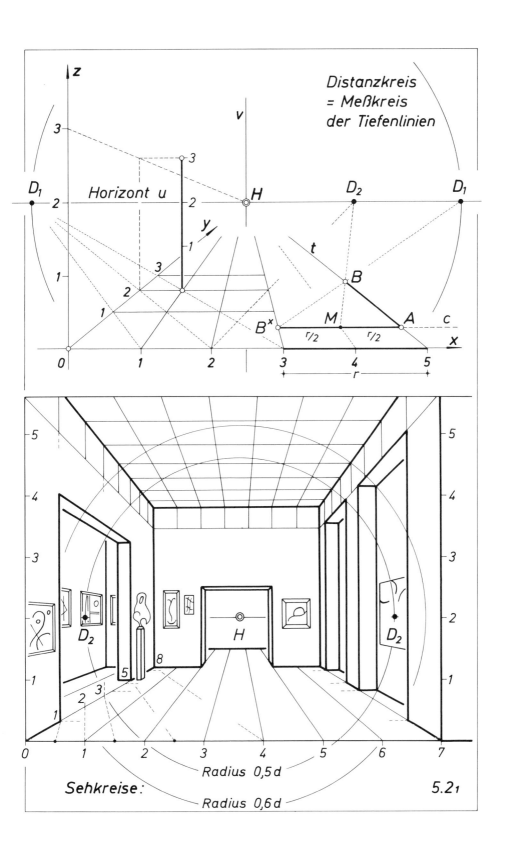

5.2$_2$ Horizontale Geraden beherrschen — meist mit zwei bevorzugten Richtungen — jede Eckansicht. Auf einer Geraden y in der Bodenebene γ ist von A aus eine Strecke $\overline{AB}$ von gegebener Länge r nach hinten abzutragen [oben]. Der Fluchtpunkt Y_0 auf dem Horizont u wird Mittelpunkt des Meßkreises aller Geraden ∥ y. Sein Radius, der Abstand des Augpunktes O von Y_0, ist gleich dem Abstand des oberen oder unteren Distanzpunktes D_1 von Y_0: Die Meßkreise horizontaler Geraden gehen daher durch diese beiden Distanzpunkte. Jeder Durchmesser des Meßkreises kann als Fluchtlinie der Drehungsebene dienen, in der man y in eine frontale Lage dreht. Man dreht z.B. y in der Lotebene β oder der Bodenebene γ auf die Lotlinie bzw. die Breitenlinie c durch A, trägt auf ihr r im Maßstab dieser Frontlinie ab und wählt zum Übertragen auf y einen der vier Meßpunkte Y_1 auf den Fluchtlinien u oder b_0 der Drehungsebenen γ oder β, in der Praxis aber nur den Punkt Y_1 auf u, für den H zwischen Y_0 und Y_1 liegt; die Strecken $\overline{Y_0 Y_1}$ und $\overline{AB}^x$ = r auf c müssen dann entgegengesetzt gerichtet sein.

Überragt $\overline{AB}^x$ das Zeichenblatt [unten], so benutzt man den *Teilmeßpunkt* Y_2, der $\overline{Y_0 Y_1}$ halbiert, und auf c die halbe Strecke r, also $\overline{AM} = \frac{r}{2}$ (im c-Maßstab): Dann trifft $Y_2 M$ ebenfalls y im Punkte B. Für Tiefenlinien wird Y_2 unser *Teildistanzpunkt* D_2. Bei unzugänglichem Y_1 oder D_1 bestimmt man Y_2 am besten stets durch Rechnung, die wir allgemein für Eckansichten schildern. Ihre Achsen x und y in der Ebene γ bezeichnen wir stets so, daß der Fluchtpunkt X_0 rechts und der Fluchtpunkt Y_0 links von H, der Meßpunkt X_1 von x also auf u links und der Meßpunkt Y_1 von y rechts von H liegt. Dann sind die mit entsprechenden kleinen Buchstaben bezeichneten Abszissen

$$x_0 > 0 \text{ und } y_0 < 0, \text{ also } x_1 < 0 \text{ und } y_1 > 0.$$

Da $\overline{X_0 X_1} = \overline{X_0 D_1}$ und $\overline{Y_0 Y_1} = \overline{Y_0 D_1}$ ist [oben], werden nach dem Satz des Pythagoras die *Abszissen unserer Achsenmeßpunkte*

$$x_1 = x_0 - \sqrt{x_0^2 + d^2} \text{ und } y_1 = y_0 + \sqrt{y_0^2 + d^2}$$

[Vergl. 5.3$_2$]. Die *Abszisse eines Teilmeßpunktes*, also des Mittelpunktes einer Strecke, ist das sogenannte arithmetische Mittel der Abszissen ihrer Endpunkte und daher leicht zu berechnen, wenn x_0 oder y_0 bekannt und x_1 oder y_1 unzugänglich ist:

$$x_2 = \tfrac{1}{2}(x_0 + x_1) \text{ und } \qquad y_2 = \tfrac{1}{2}(y_0 + y_1).$$

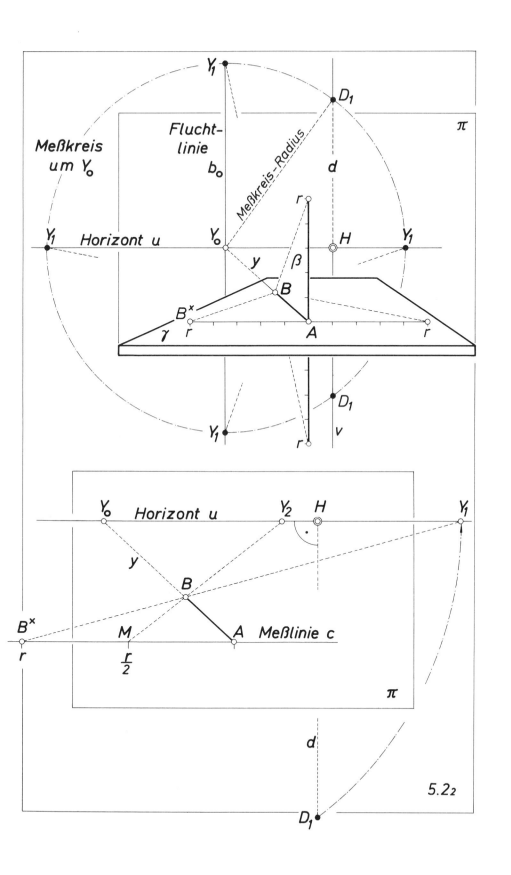

5.2₃ Geneigte Geraden. Wir suchen in einem fertigen Bild die Länge einer Dachkante $\overline{PQ}$ auf der Geraden g [oben]. Erreichbar seien die Fluchtpunkte G_0, X_0 und Y_0, der Hauptpunkt H auf dem Horizont u und der Distanzkreis. Die Hauskante durch P liege in der wieder vertikalen Tafel. G_0 wird Mittelpunkt des Meßkreises. Dem umgelegten oder an den Rand gezeichneten Profil von g entnimmt man wie in 5.1 seinen Radius $r = \overline{O^x G_0} = \overline{OG_0}$, dreht dann g um P in der Wand β oder der Breitenebene γ oder der Dachebene ϵ [unten] auf deren Spur $b \perp u$, $c \parallel u$ oder $e \parallel e_0 = G_0 Y_0$ und erhält auf ihr die wahre Länge $\overline{PQ^x}$ im Maßstab der Tafel, und zwar mit Hilfe eines Meßpunkts G_1, den der Meßkreis auf der zugehörigen Fluchtlinie durch G_0 ausschneidet, also auf $b_0 \parallel b$, $c_0 \parallel c$ oder $e_0 \parallel e$. Lediglich um den Begriff des Streckenmeßpunktes zu veranschaulichen, schilderten wir diese drei Möglichkeiten, die natürlich jedesmal die gleiche Länge liefern.

Liegt der [schwarz markierte] Meßpunkt G_1 auf dem Horizont u, sind also die Drehsehnen mit diesem Fluchtpunkt horizontal, so kann man mit ihrer Hilfe nicht nur g, sondern diesmal die ganze Wand β Punkt für Punkt in die Tafel drehen, z.B. ihre Bodenkante, und erhält so die Umlegung β^x in wahrer Gestalt und Größe. Daher ist dieser Streckenmeßpunkt auf u auch der Winkelmeßpunkt O^β der Ebene β und nach 5.2₂ zugleich der Streckenmeßpunkt X_1 der Achse x. [Das läßt sich auch elementargeometrisch leicht zeigen: Setzt man zur Abkürzung $\overline{X_1 X_0} = p$, $\overline{X_0 G_0} = q$ und $\overline{HX_0} = x_0$, so folgt aus den rechtwinkligen Dreiecken $X_1 X_0 G_0$, $O^x H G_0$ und $H X_0 G_0$ (einzeichnen und beschriften!):

$$p^2 = r^2 - q^2, \quad r^2 = d^2 + x_0^2 + q^2, \quad \text{also } p^2 = d^2 + x_0^2;$$

d.h. nach 5.2₂ ist in der Tat $p = \overline{OX_0} =$ dem Abstand des Augpunktes O von b_0]. Allgemein gilt daher: Die *Winkelmeßpunkte* einer Ebene sind zugleich *Streckenmeßpunkte* aller in der Ebene liegenden Geraden, insbesondere ihrer Spurnormalen [z.B. der Achse x].

Geraden und Strecken treten stets in begrenzten Ebenen, z.B. in Wänden, niemals isoliert auf. Man benutzt daher am besten den Meßpunkt O^β als *Zentrum der Perspektivität* mit der Achse b und der Fluchtlinie b_0, um das Bild der Wand β mit Fenstern, Fachwerk usw. zu gestalten, die in die Umlegung β^x im Maßstab der Tafel oder einer Frontebene [wie in 4.5] eingezeichnet wurden.

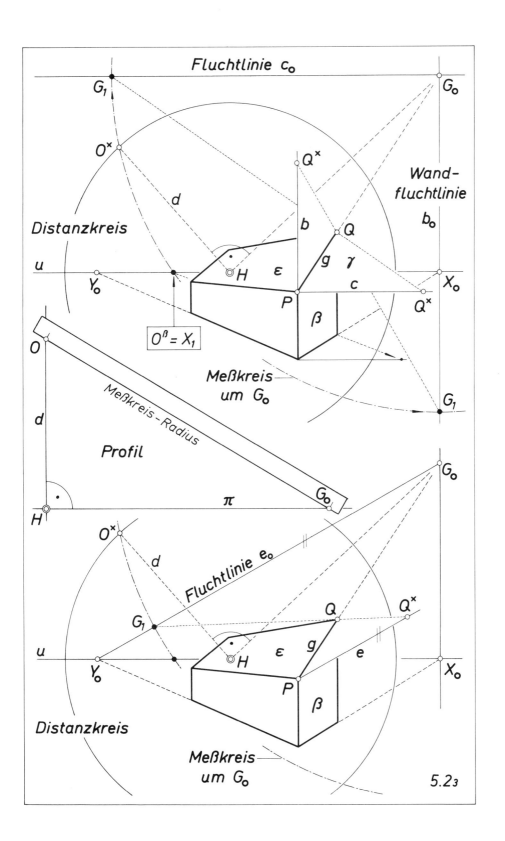

5.3 Achsenmaßstäbe für Eckansichten

5.3$_1$ Die klassische Konstruktion beginnt — in flüchtiger Skizze — mit der Wahl des Standpunktes, der Aughöhe und der Tafel, die am besten durch eine Gebäudekante, zugleich die z-Achse gelegt wird. Die wichtigste Front soll im Sehkegel liegen. Das Objekt denkt man sich zu einem Modell verkleinert, so daß aus der in Metern angegebenen Distanz eine für das Bild günstige *Zeichen-* und *Betrachtungsdistanz* wird. Erst auf Grund der Skizze gibt man im Bildblatt [oben] den Horizont u, den Hauptpunkt H, die Standlinie c, auf c den Anfangspunkt A, die Achse z und die dem Modell entsprechenden Maßstäbe auf c und z. Ein rechter Winkel im oberen oder unteren Distanzpunkt D_1 schneidet auf u die Fluchtpunkte X_0 und Y_0 konjugierter Richtungen aus, also auch der Achsen x und y, die damit festgelegt sind. Ein geübter Zeichner benutzt — um Platz zu sparen — den unteren Distanzpunkt und reißt alle D_1-Linien nur kurz auf u an. Um Maße auf den Achsen abzutragen, drehen wir diese auf kürzestem Wege in der Bodenebene γ auf c, suchen also die Meßpunkte X_1 und Y_1 auf u: Sie werden von den Meßkreisen um X_0 und Y_0 mit den Radien $\overline{X_0 D_1}$ und $\overline{Y_0 D_1}$ ausgeschnitten. Die Kantenmaße überträgt man von c aus auf x und y mit Drehsehnen durch X_1 und Y_1, die Höhen vom z-Maßstab aus mit Linien ∥ x oder y, also durch X_0 oder Y_0.

Nach 5.2$_3$ sind die *Achsenmeßpunkte* zugleich die *Winkelmeßpunkte* der Wände β und α durch die Achsen x und y, d.h. $X_1 = O^\beta$ und $Y_1 = O^\alpha$. Man kann also z.B. zur Gestaltung von α die Perspektivität zwischen ihrem Bilde und ihrem um z gedrehten Urbild, der Umlegung $\alpha^\times$ benutzen oder in O^β den Dachneigungswinkel messen oder antragen, wozu man den Kantenfluchtpunkt N_0 auf der Wandfluchtlinie b_0 braucht. Soll die Wand β möglichst breit erscheinen, so daß X_0 unerreichbar ist, so erhält man die Achse x mit zwei Proportionalmaßstäben (3.7), die man hier ⊥ u zwischen u und den nach X_0 weisenden D_1-Strahl legt. Der Meßkreis um X_0 ist dann nicht verfügbar. Da aber die Geraden $D_1 X_1$ und $D_1 Y_1$ — wie in 5.3$_2$ gezeigt wird — die Winkel $Y_0 D_1 H$ und $X_0 D_1 H$ halbieren, kann man auch mit ihnen die Meßpunkte auf u gewinnen.

Die Abszissen der beiden Kästchenbilder [unten] wurden nach geschickter Wahl von x_0 berechnet. Das schildern wir in 5.3$_2$.

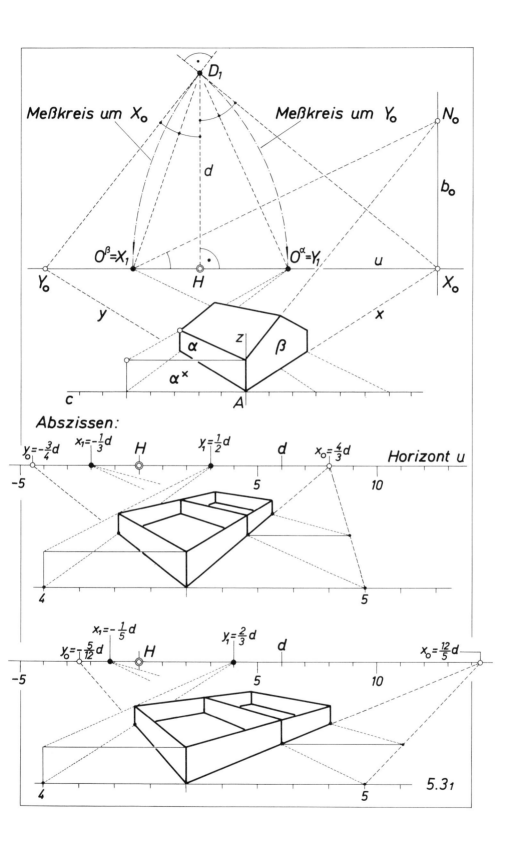

5.3$_2$ Das Berechnen der Abszissen von Flucht- und Meßpunkten auf dem Horizont u ist weit bequemer als das Konstruieren, vor allem bei großer Distanz d und für Skizzen. Die Formeln sind hier noch einmal anschaulich zusammengestellt. Setzt man wie in 3.6 $x_0 = n\,d$, also $y_0 = -\frac{1}{n}\,d$, und wählt für n den Quotienten zweier pythagoreischer Zahlen, d.h. zweier ganzer Zahlen, deren Quadratsumme wieder das Quadrat einer ganzen Zahl ist, so erhält man für die Quadratwurzeln in den Formeln in 5.2$_2$, also die Abstände $\overline{D_1 X_0}$ und $\overline{D_1 Y_0}$ einfache rationale Vielfache von d und ebenso also für die Abszissen x_0 und y_0, x_1 und y_1 der Flucht- oder Meßpunkte. Erfahrungsgemäß liefern die Werte $n = \frac{4}{3}\,d$ und $n = \frac{12}{5}\,d$ gute Bilder. Ihre Abszissen sind in der Tabelle 5.3$_3$ für die Beispiele 5.3$_1$ unten, 5.3$_2$ und 5.3$_3$ übersichtlich zusammengestellt.

Ist ein Punkt A mit einem unerreichbaren Fluchtpunkt X_0, dessen Abszisse bekannt ist, zu verbinden, so bestimmt man – der Leser möge das einzeichnen – die Mitte von $\overline{HA}$ und die Stelle $\frac{x_0}{2}$ auf u, verschiebt ihre Verbindungsgerade ∥ durch A und erhält so die gewünschte Gerade x; wenn nötig, wählt man die Verkleinerung 1 : 4. Weitere Geraden durch den Fluchtpunkt X_0 gewinnt man dann aber mit Proportionalmaßstäben.

Die Bilder in 5.3$_1$ unten stellen die gleichen Kästchen mit gleicher Distanz und gleicher Aughöhe dar. Im unteren Bild erscheint die Front über der x-Achse breiter als im oberen und sehr verzerrt, da sie sogar den [nicht eingezeichneten] Distanzkreis überschneidet. Die Kantenlänge x = 5 des hinteren Kästchens wird zunächst auf die Breitenlinie durch seinen vorderen Bodenpunkt übertragen und erst dann mit einer X_1-Linie auf die x-Achse. Dagegen wurde in 5.3$_2$ für die Längskante des hinteren Hauses der Teilmeßpunkt Y_2 mit der Abszisse y_2 benutzt.

Unten links steht – mit den in der Figur bezeichneten Winkeln – der Beweis dafür, daß die Gerade $D_1 X_1$ den Winkel $Y_0 D_1 H$ halbiert. Davon macht ein Zeichner – wie schon in 5.3$_1$ ausgeführt – nur dann Gebrauch, wenn der Fluchtpunkt X_0 unerreichbar ist und auf das Rechnen verzichtet wird. Da er aber meist von vielen verschiedenen Objekten perspektive Bilder entwerfen soll, empfiehlt sich für diese das Benutzen fester Abszissen. – Für den Sehkreis wurde auch hier der Radius r = 0,6 zugelassen.

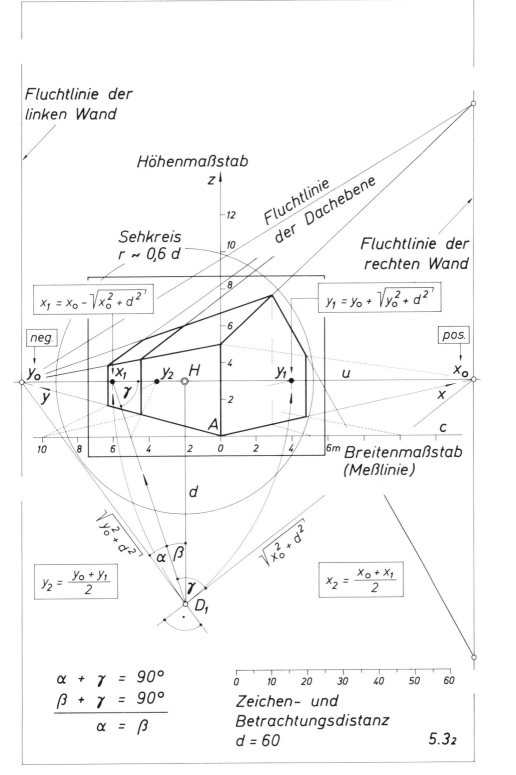

5.3₃ Innenansichten erfordern oft die Ausgestaltung einer bevorzugten Wand, die fast frontal erscheinen soll, so daß also die zu ihr parallelen Kanten einen unerreichbaren Fluchtpunkt X_0 mit bekannter, im Vergleich zu d großer Abszisse x_0 besitzen. Für $n = \frac{12}{5}$ wird z.B. $x_0 = 2,4$ d [Mitte und 5.4₃]. Sind dann viele Kanten durch X_0 zu zeichnen, so ist — besonders beim Skizzieren mehrerer Entwürfe mit gleicher Distanz — ein *Fluchtpunktblatt* nützlich, das man unter das transparente Bildblatt legt [oben]: Über H wird eine beliebige Ordinate a, über der Stelle $\frac{1}{4} x_0$ die Ordinate $\frac{3}{4}$a aufgetragen; durch Unterteilen dieser Ordinaten erhält man zwei Proportionalmaßstäbe und damit eine Linienschar durch X_0.[1]
Ein Blick auf die obere Figur 5.3₁ zeigt ferner: Rückt der Fluchtpunkt X_0 bei festgehaltener Distanz nach rechts, so nähert sich der Meßpunkt X_1 dem Hauptpunkt H, wird also i.a. erreichbar; auch in unserem Beispiel sind die Absolutbeträge der Abszissen $x_1 = -\frac{1}{5}$d und $y_1 = \frac{2}{3}$d $<$ d, die Teilmeßpunkte daher nicht erforderlich, was immer ein Vorteil ist.

Wird eine quadratische Bodentäfelung verlangt, so benutzt man den Fluchtpunkt G_0 der Gehrungslinie durch die Bodenecke A und der zu ihr parallelen Quadratdiagonalen. Eine einfache Rechnung liefert für seine Abszisse g_0 den in unserer Tabelle angegebenen Wert. Man braucht dann die Quadratlänge von der Meßlinie c aus auf nur eine der Bodenkanten, z.B. y, mit Hilfe des Meßpunktes Y_1 wiederholt zu übertragen und durch die Teilpunkte die Linien ∥ x zu legen; sie liefern auf der Gehrungslinie durch A die Quadratecken, durch die die Kanten ∥ y zu zeichnen sind.

Noch einmal stellen wir für die folgenden Beispiele und Ergänzungen unsere beim Lesen der Figuren besonders zweckmäßigen Bezeichnungen zusammen: Zu einer Raumgeraden g gehört in π — wir verwenden stets den entsprechenden großen Buchstaben — der Spurpunkt G, der Fluchtpunkt G_0, ein Streckenmeßpunkt G_1 (auf dem Meßkreis um G_0 mit dem Radius $\overline{OG_0}$) und ein Teilmeßpunkt G_2. Zu einer Ebene ϵ gehört in π die Spur e, die Fluchtlinie e_0 und ein von zwei möglichen Meßpunkten geeignet ausgewählter Winkelmeßpunkt O^ϵ. Er ist eine Umlegung des Augpunktes O, was der Buchstabe O andeuten soll. Dabei dürfen g und ϵ nicht ∥ π sein und nicht durch O gehen.

---

[1] Ähnliche Perspektivpapiere zum Einzeichnen von Zentralbildern erhält man in Fachgeschäften.

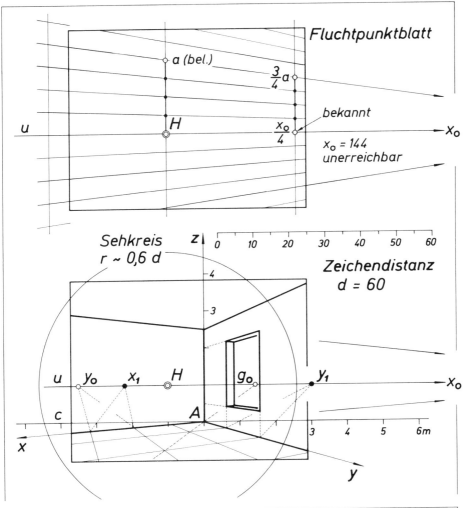

	Flucht- und Meßpunkte	Abstand von H		Beispiele:			
			5.3₂	$d = 60$	5.3₃	$d = 60$	
x-Kanten	Fluchtpunkt x_0	$x_0 = n\,d \quad >0$	$x_0 = \frac{4}{3}d$	80	$x_0 = \frac{12}{5}d$	144	
x-Kanten	Meßpunkt x_1	$x_1 = x_0 - \sqrt{x_0^2 + d^2}$	$x_1 = -\frac{1}{3}d$	-20	$x_1 = -\frac{1}{5}d$	-12	
x-Kanten	Teilmeßpunkt x_2	$x_2 = \frac{x_0 + x_1}{2}$	$x_2 = \frac{1}{2}d$	30	x_2 liegt außerhalb		
y-Kanten	Fluchtpunkt y_0	$y_0 = -\frac{1}{n}d \quad <0$	$y_0 = -\frac{3}{4}d$	-45	$y_0 = -\frac{5}{12}d$	-25	
y-Kanten	Meßpunkt y_1	$y_1 = y_0 + \sqrt{y_0^2 + d^2}$	$y_1 = \frac{1}{2}d$	30	$y_1 = \frac{2}{3}d$	40	
y-Kanten	Teilmeßpunkt y_2	$y_2 = \frac{y_0 + y_1}{2}$	$y_2 = -\frac{1}{8}d$	-7,5	$y_2 = \frac{1}{8}d$	7,5	
Gehrungslinienfl.p. g_0		$g_0 = \frac{n-1}{n+1}d$	—		$g_0 = \frac{7}{17}d$	24,7	

5.3₃

5.4 Beispiele

Die Wahl der Bildebene und Distanz gelingt am besten mit Hilfe eines *transparenten Rasters*, den man auf den im gleichen Maßstab skizzierten Grundriß legt [5.4_2]. Er stellt die Horizontalebene durch O dar: Jede Linie ⊥ zum Hauptstrahl liefert eine mögliche Tafelspur, jeder bezifferte Sehstrahl eine günstige Achsenrichtung, seine Maßzahl die Abszisse seines Spurpunkts in einer Tafel mit der Distanz d = 1, also des Achsenfluchtpunktes. Der Grundriß soll zwischen den Sehkegelgrenzen liegen, seine Hauptfront den Hauptstrahl treffen, die vordere untere Gebäudeecke B in π liegen. In unserem Fall ist d = 24 m, im Maßstab 1 : 100 also 24 cm, $x_0 = \frac{3}{4}$ d = 18 cm. Da aber die Buchfiguren verkleinert werden mußten, geben wir Abszissen und Distanz ohne cm-Bezeichnung an, sie sind stets der u-Skala zu entnehmen. Das erlaubt ein Nachskizzieren in beliebiger Größe.

Über dem Bildblatt [oben] steht eine Abszissentabelle. Auf u und v gibt man Skalen mit dem Anfangspunkt H, trägt B mit $u_B = 5$, $v_B = -3$ (aus 5.4_2 und einer Aufrißskizze) ein, legt aber den Achsenanfangspunkt A und die Standlinie c als Spur einer *Kellergrundrißebene* tiefer, damit der Gebäudegrundriß vollständig, wenn auch verzerrt erscheint, und wählt auf c und z Maßstäbe. Um A mit unzugänglichen Fluchtpunkten zu verbinden, denke man sich das Bild von H aus ähnlich verkleinert, so daß z.B. A in die Mitte von $\overline{HA}$ und X_0 an die Stelle $\frac{1}{2} x_0 = 9$ rückt: Die Verbindungsgerade hat dann die gesuchte Richtung x, wird also ∥ durch A verschoben. Für Y_0 wählt man die Hilfsabszisse $\frac{1}{4} y_0 = -8$. Um Achsenmaßstäbe und Kanten einzutragen, wird der unzugängliche Meßpunkt X_1 durch den Teilmeßpunkt X_2 mit $x_2 = 3$ ersetzt: Die x_2-Linien durch die c-Marken 2, 4, ... liefern die x-Marken 4, 8, ... und die Längskante. Dagegen ist Y_1 mit $y_1 = 8$ erreichbar, so daß der c-Maßstab mit Drehsehnen auf y übertragbar ist. Die Giebelkante 8 des zweiten Hauses bringt man mit Tiefenlinien zunächst auf die Breitenlinie b durch die y-Marke 8, verschiebt sie auf b nach links an die richtige Stelle und überträgt sie dann auf y.

Im Bilde [unten] zeichnet man achsenparallele Kanten und Hilfslinien mit Hilfe von Proportionalmaßstäben ∥ z, die auf u und x bzw. u und y gleiche Marken erhalten. – Die Beispiele in 5.4_2 und 5.4_3 sind als lehrreiche Leseübungen gedacht.

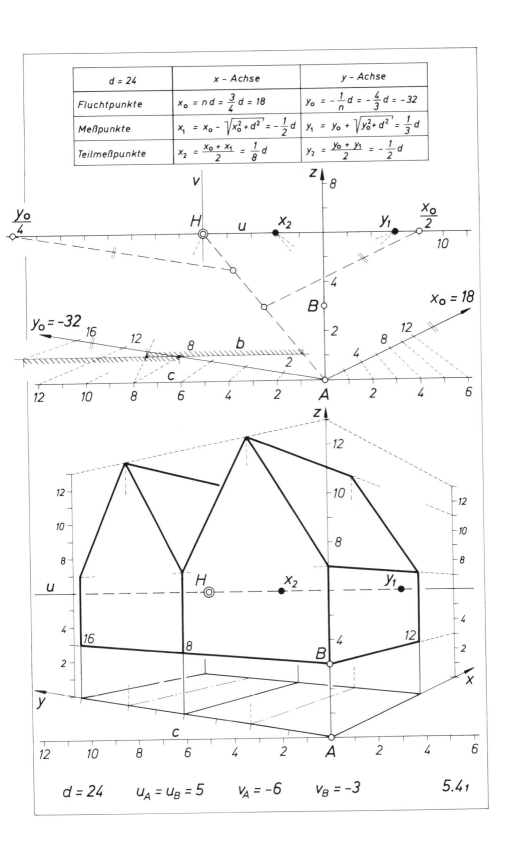

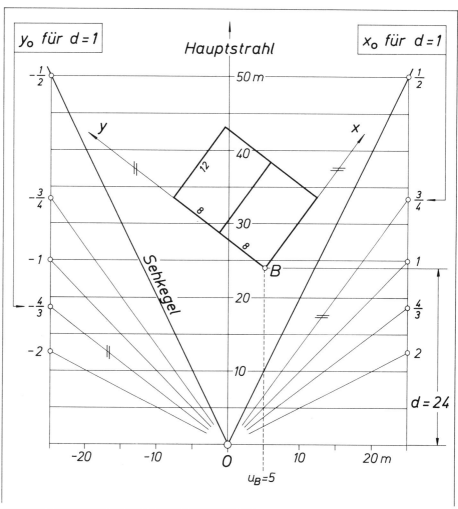

Zwei Beispiele		5.4₃ oben/Gewächshaus $d = 9$		5.4₃ unten/Innenraum $d = 15$	
Fluchtpunkte	x_o	$x_o = +\frac{4}{3}d$	$+ 12$	$x_o = +\frac{12}{5}d$	$+ 36$
	y_o	$y_o = -\frac{3}{4}d$	$- 6,75$	$y_o = -\frac{5}{12}d$	$- 6,25$
Meßpunkte	x_1	$x_1 = -\frac{1}{3}d$	$- 3$	$x_1 = -\frac{1}{5}d$	$- 3$
	y_1	$y_1 = +\frac{1}{2}d$	$+ 4,5$	$y_1 = +\frac{2}{3}d$	$+ 10$
Teilmeßpunkte	x_2	$x_2 = +\frac{1}{2}d$	$+ 4,5$	nicht erforderlich	
	y_2	$y_2 = -\frac{1}{8}d$	$- 1,13$		
Gehrungslinien-Fluchtpunkt g_o		—		$g_o = +\frac{7}{17}d$	$+ 6,2$

5.4₂

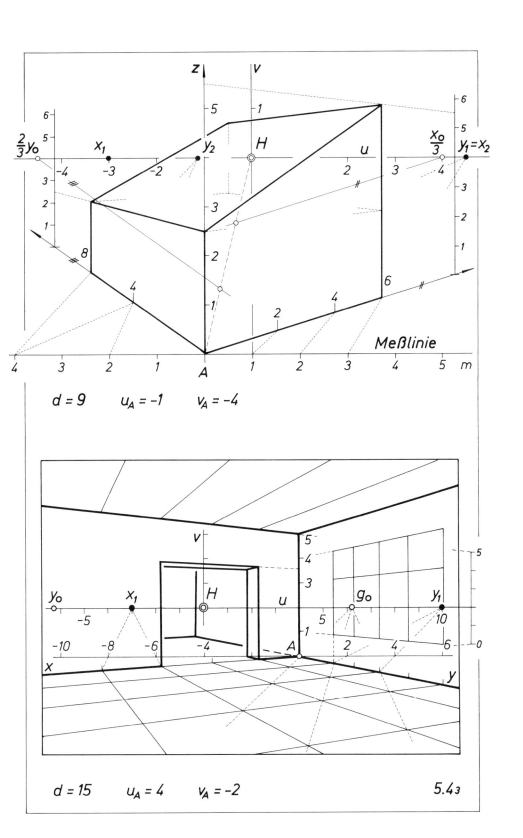

5.5 Kippansichten

Kippansichten verwendet der Architekt gern für große Gebäudegruppen oder Hochhäuser. Er arbeitet dabei in drei Schritten:

1. In einer *Profilskizze* [oben] wählt man die Neigung n = tg φ der Tafel π, den Hauptpunkt H und den Augpunkt O, also die Distanz d so, daß alle Gebäude möglichst im Sehkegel liegen. Wie in 3.3 ist γ die Bodenebene, c ihre Spur; T_0 und Z_0 sind die Fluchtpunkte der Spurnormalen in γ und der Vertikalkanten. Für ihre Abstände $\bar{t}_0$ und $\bar{z}_0$ von H bzw. $\bar{t}$ und $\bar{z}$ von O ergeben sich wieder einfache rationale Vielfache von d, wenn man n geschickt wählt, z.B. n = $\frac{4}{3}$ [links]. Oft legt man zusätzlich in einer Grundrißskizze die Achsen in γ und ihren Anfangspunkt A auf c geeignet fest.

2. Das *Fluchtdreieck* [Mitte] zeichnet man mit den ermittelten Abständen in größerem Maßstab: Die Höhe $\overline{T_0 Z_0}$ vertikal durch H, den Horizont c_0 horizontal durch T_0, die Spur c $\parallel c_0$. Lag keine Grundrißskizze vor, so wählt man X_0 und Y_0 auf c_0 so, daß H Höhenschnittpunkt wird, oder aber so, daß ihre Abszissen $\overline{T_0 X_0} = x_0$ und $\overline{T_0 Y_0} = y_0$ – gemessen in der Einheit $\bar{t}$ (der Höhe im rechtwinkligen Dreieck $X_0 O Y_0$ der Figur 3.3) – reziproke Werte haben. Durch den Anfangspunkt A auf c legt man die drei Achsenbilder. Der Maßstab auf c wird den gewählten Objekten angepaßt.

3. Die *Meßpunkte* X_1, Y_1 und Z_1 sind Drehsehnenfluchtpunkte: Man dreht am besten die drei Achsen auf die Spur c, also x und y in der Bodenebene γ, z in der Vertikalebene ϵ; die Fluchtlinien sind c_0 und $e_0 \parallel c$ durch Z_0. Daher liegen X_1 und Y_1 auf c_0, Z_1 auf e_0. Ihre Abstände von den zugehörigen Fluchtpunkten, also auch des Augpunktes von diesen, kann man durch die umgelegten Achsenprofile erhalten, z.B. [rechts]: $\overline{Z_0 Z_1} = \overline{Z_0 O}^\times = \bar{z} = 100$, weit besser aber wieder mit einem einzigen *Rechtwinkelhaken:* Auf seinem Horizontalschenkel sind die Strecken $\overline{HX_0}$, ... gleich den ebenso bezeichneten Höhenabschnitten im Fluchtdreieck. Die Abstände $\overline{X_0 O} = \overline{X_0 X_1}$, ... überträgt man mit einem Papierstreifen. Für den Meßpunkt T_1 der Spurnormalen in γ wurde $\overline{T_0 T_1} = \overline{T_0 O}^\times = T_0 O = \bar{t} = 75$ schraffiert; er ist nur nötig für Kanten $\perp$ c. Endlich werden die Kantenlängen aus den Rissen [unten] entnommen und mit Drehsehnen durch X_1, Y_1 und Z_1 von der Meßlinie c auf die Achsenbilder übertragen.

Für schnelle Skizzen benutzt man am besten ein beliebiges Fluchtdreieck mit bekannter Distanz und den Rechtwinkelhaken.

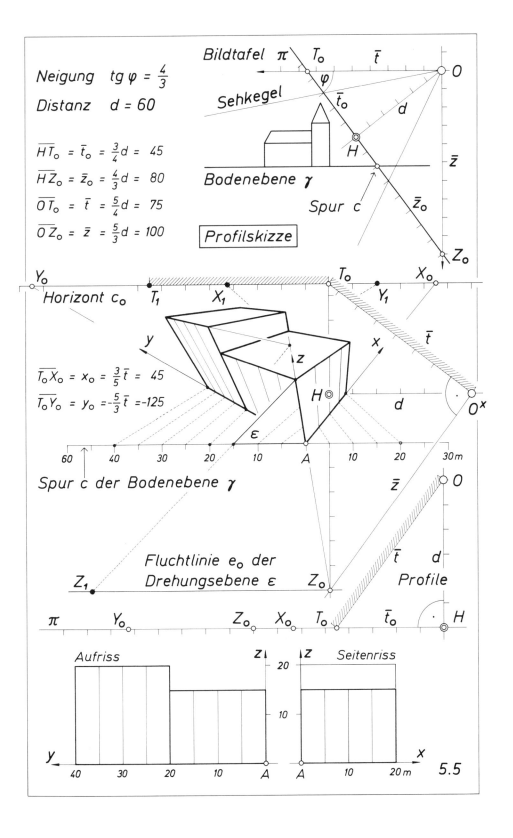

5.6 Bild eines Kreises

Das Bild eines Kreises, der die Verschwindungslinie seiner Ebene nicht trifft, ist eine Ellipse. Er möge – als Ergänzung der Kippansicht 5.5 – in der neu gewählten Bodenebene γ liegen, die Spur c ∥ c_0 in A berühren und den auf c gegebenen Radius r = $\overline{AB}$ haben [oben]. Die Meßpunkte T_1 der Spurnormalen seien nicht erreichbar, wohl aber die Teilmeßpunkte T_2.

Das fertige Bild zeigt 8 Ellipsenpunkte mit Tangenten, die sich zu zwei Quadraten gruppieren: Die Seiten des einen sind ∥ oder ⊥ c, die des zweiten ∥ zu den Diagonalen des ersten mit den Fluchtpunkten T_1. Die klassische, auch für schnelles Skizzieren geeignete Konstruktion beginnt man mit der Quadratseite $\overline{BC}$ = 2r auf c, zeichnet die Tangenten BT_0 und CT_0, die Mittellinie AT_0 = t, bestimmt auf t mit einer T_2-Linie durch B oder C den zweiten Kreispunkt, seine Tangente ∥ c und die Diagonalen des jetzt vollständigen Quadrates, die auf t das Bild M des Kreismittelpunktes liefern, endlich b ∥ c durch M und auf b die noch fehlenden Berührungspunkte.

Um die Kreispunkte auf den Diagonalen zu finden, schiebt man etwa den linken vorderen Viertelkreis mit dem (noch nicht bekannten) Punkt P nach vorne, so daß b auf c fällt, dreht ihn in π hinein, bestimmt die Umlegung $P^{\times}$ von P, wobei ∡ $CAP^{\times}$ = 45° ist, die Spurnormale durch $P^{\times}$ und überträgt diese in das Bild: Sie hat auf c den Abstand x = $\frac{r}{2}\sqrt{2}$ ~ 0,7 r von A, den man beim Skizzieren nur zu schätzen braucht. Die Tangenten in den vier gefundenen Punkten schneiden auf b die Strecken $\overline{MR}$ und $\overline{MS}$ = 2 $\overline{MQ}$ ab, wenn Q der b-Punkt auf der Spurnormalen durch P ist. Erst alle 8 Tangenten ermöglichen ein glattes Zeichnen der Ellipse. Die Konstruktion verläuft genauso in vertikaler Bildtafel: Man setze dann T_0 = H, T_1 = D_1, T_2 = D_2, c_0 = u.

Ist das *Kippfoto* eines Kreises mit einem Baum im Mittelpunkt gegeben [unten], so liefern die Tangenten in den Endpunkten der Bilder zweier beliebiger Durchmesser den Horizont c_0; wir legen ihn horizontal, bestimmen [oben] die Tangenten ∥ c_0, den zugehörigen Durchmesser, dessen Fluchtpunkt T_0, die Tangenten durch T_0, eine Diagonale des entstandenen Quadrats, ihren Fluchtpunkt T_1, die Vertikale durch T_0, auf ihr [nach 5.5] den Fluchtpunkt Z_0, den Thaleskreis über $\overline{T_0 Z_0}$, auf ihm $O^{\times}$ so, daß $\overline{T_0 O^{\times}}$ = $\overline{T_0 T_1}$, und daraus H und d.

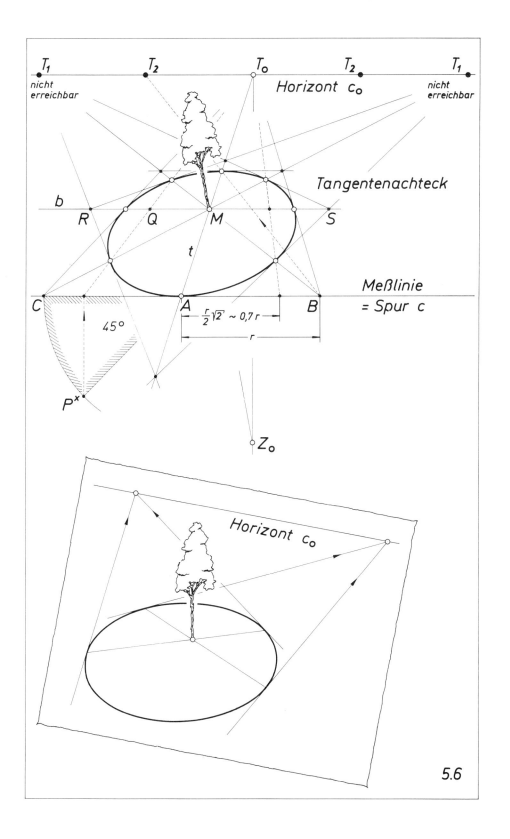

5.7 Ausmessen und Ergänzen von Bildern

Ausmessen und Ergänzen von Bildern ist möglich, wenn es gelingt, Hauptpunkt und Distanz und damit also Meßpunkte zu ermitteln. Fast immer ist der Horizont und oft sind einfache Formen am Objekt erkennbar und für die Rekonstruktion zu verwenden: Quadrate bei Bodentäfelungen oder als Sockel, Fenster mit bekanntem Kantenverhältnis, ortsübliche Dachneigungen oder Kreise [5.6]. Wir schildern nur zwei besonders lehrreiche Beispiele.

1. In einer Eckansicht [oben] sei ein quadratischer Sockel gegeben. Die Kantenfluchtpunkte X_0 und Y_0 liefern den Horizont u, eine Diagonale den Fluchtpunkt G_0 auf u zwischen X_0 und Y_0. Macht man die Strecken $\overline{X_0 U} \perp u$ und $= \overline{X_0 G_0}$ und $\overline{Y_0 V} \perp u$ und $= \overline{Y_0 G_0}$, so ist der Fußpunkt des Lotes von G_0 auf UV ein Distanzpunkt D_1 auf $v \perp u$. Denn die Ecken des Vierecks $X_0 G_0 D_1 U$ liegen auf dem Kreis über $\overline{UG_0}$, weil die Winkel bei X_0 und D_1 rechte sind. Daher ist $\measuredangle X_0 D_1 G_0 = \measuredangle X_0 U G_0 = 45°$ und ebenso $\measuredangle Y_0 D_1 G_0 = 45°$. Die Strecken $\overline{G_0 X_0}$ und $\overline{G_0 Y_0}$ werden also von D_1 aus unter $45°$, $\overline{X_0 Y_0}$ unter $90°$ gesehen. Mit D_1 sind auch H und d gefunden.

2. In einer Wand β [unten] liege ein quadratisches Fenster. Der Zeichner möchte nachträglich „richtige" Fensterläden einzeichnen, den rechten ganz geöffnet, den linken unter einem Winkel von $30°$ mit der Wand. Dann bestimmt er für die horizontalen Quadratseiten und die Laibungskanten die Fluchtpunkte X_0 und Y_0, den Horizont u, die Wandfluchtlinie b_0 durch $X_0 \perp u$ und den Fluchtpunkt N_0 einer Quadratdiagonale auf b_0. Nun wird der Distanzpunkt D_1 auf dem Thaleskreis über $\overline{X_0 Y_0}$ und der Meßpunkt X_1 auf u gesucht. Ein Blick auf die obere Figur 5.3_1 zeigt, daß der Meßkreis um X_0, auf dem D_1 und X_1 liegen, auch durch N_0 geht, wenn der Neigungswinkel einer in β liegenden Geraden [dort der Dachfall-linie, bei uns der Fensterdiagonale] $45°$ beträgt. Daher macht man $\overline{X_0 X_1}$ und $\overline{X_0 D_1} = \overline{X_0 N_0}$. Von X_1 aus wird die Fensterbreite auf die Meßlinie durch die linke Ecke übertragen. Ihre Hälfte liefert – nach rechts verschoben – die Breite des rechten Ladens. Für den linken muß der Fluchtpunkt F_0 seiner Horizontalkanten auf u so liegen, daß $\measuredangle F_0 D_1 X_0 = 30°$ wird. Aus F_0 gewinnt man ihren Meßpunkt F_1 und damit auch die linke Ladenbreite im Bild. – Wahre Maße kann man auf Meßlinien nur ablesen, wenn eine Kantenlänge (z.B. eine Raum- oder Fensterhöhe) bekannt ist, andernfalls nur relative Maße.

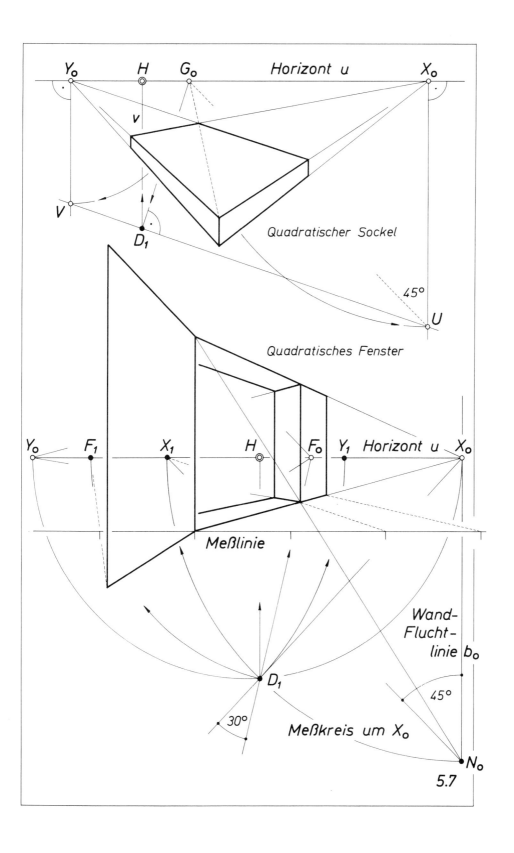

5.8 Rechnerische Methoden

Rechnerische Methoden zur Bestimmung der Bilder sind angebracht, wenn das Objekt sehr viele geometrisch definierte Eckpunkte, z.B. die eines Polyeders besitzt, also nicht – wie bei Gebäuden und Räumen – zwei bevorzugte konjugierte Richtungen. Wir denken uns dann ein Koordinatenkreuz mit dem Augpunkt O als Anfangspunkt: Die x-Achse sei der Hauptstrahl OH $\perp \pi$; die y-Achse $\parallel$ u, die z-Achse $\parallel$ v, wenn u und v wieder die Achsen in π durch H sind [oben]. Die Figur zeigt, daß ein Punkt P mit den Koordinaten x, y, z einen Bildpunkt P' mit den Koordinaten $u_P = \frac{y}{x} d$ und $v_P = \frac{z}{x} d$ erhält. Dabei entnimmt man x, y und z am besten aus einem Aufriß des Objektes in der yz-Ebene und einem Kreuzriß in der xz-Ebene.

Um ein *stereoskopisches Bilderpaar* herzustellen, das beim Betrachten mit einem optischen Gerät einen plastischen Eindruck vortäuscht, projiziert man das Objekt von einem zweiten Augpunkt aus, der auf der x-Achse im Abstand a von O (a = 6,5 cm) gewählt wird, auf π. Die Koordinaten des zweiten Bildpunktes P'' lassen sich dann ebenfalls aus einfachen Formeln gewinnen. So entstanden auf Anregung des Physikers *Max von Laue* stereoskopische Bilder seiner Kristallgitter-Modelle, die durch seine berühmten Beugungsversuche mit Röntgenstrahlen vom Jahre 1912 ermittelt und gebaut waren und die Anordnung der Atome in Kristallen anschaulich zeigten. Diese 48 Bilderpaare wurden in langjähriger mühevoller und geduldiger Arbeit berechnet und gezeichnet von *Elisabeth Verständig* und erschienen im Verlag von Julius Springer 1926 und 1936 [unten ein Beispiel 0,65fach verkleinert].[1]

Den ausführlich behandelten vier Grundproblemen der Perspektive sollen nun im Abschnitt 6 einige für die Praxis nützliche Anwendungen und Ergänzungen folgen: Das Einzeichnen von Sonnenschatten in ein fertiges Bild, einfache Konstruktionen der Bilder von Kreisen und Kegelschnitten, das Schichtenverfahren für Objekte, bei denen horizontale Kurven auftreten, z.B. für einen Berg mit Höhenlinien oder ein Stadion mit Sitzreihen, endlich die von Architekten oft bevorzugte gebundene Perspektive, bei der das Bild durch direkte Konstruktionen aus zwei Rissen, wie schon bei Dürer (1.10), gewonnen wird.

---

1) Stereoskopbilder von Kristallgittern. Herausgegeben von M. von Laue und R. von Mises. Zeichnungen von E. Rehbock-Verständig. I 1926, II 1936.

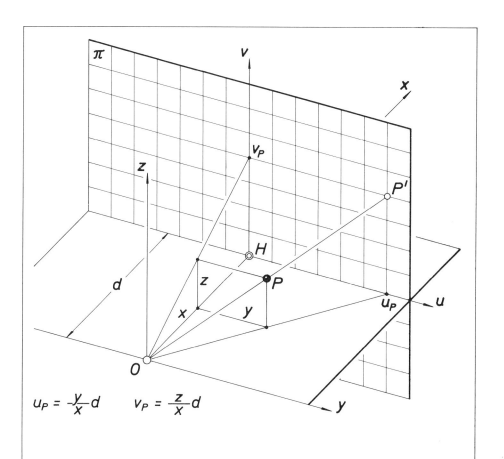

$$u_P = \frac{y}{x}d \qquad v_P = \frac{z}{x}d$$

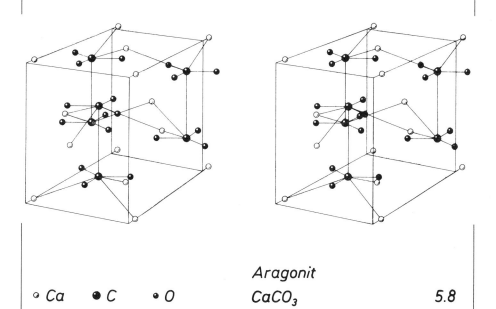

○ Ca   ● C   ∘ O

Aragonit
$CaCO_3$

5.8

6. Anwendungen und Ergänzungen

6.1 Schattenkonstruktionen

Schattenkonstruktionen benutzen nur die Verschneidung von Fluchtebenen, also deren Fluchtlinien. Die Bilder der parallelen Sonnenstrahlen gehen durch einen Fluchtpunkt, den *Sonnenpunkt* S_0. In vertikaler Tafel liegt er unter dem Horizont u, wenn die Sonne hinter dem Zeichner, darüber, wenn sie vor ihm steht [oben]. Die Strahlen durch eine schattenwerfende geradlinige Kante oder einen Stab bilden eine *Lichtebene* λ. Sucht man den Schatten, den sie in einer Ebene ϵ mit bekannter Fluchtlinie e_0 ausschneidet, so bestimmt man — nach Wahl von S_0 —

(1) die *Fluchtlinie* l_0 der Lichtebene λ: sie geht durch den Sonnenpunkt S_0 und den Kantenfluchtpunkt oder ist ∥ zur Kante, wenn diese eine Frontlinie, z.B. eine vertikale Hauskante ist;

(2) den *Schnittpunkt der Fluchtlinien* l_0 und e_0: er ist nach 2.10 der Fluchtpunkt des gesuchten Schattens in ϵ;

(3) den gesuchten *Schatten*: er geht durch diesen Fluchtpunkt und den meist bekannten Fußpunkt der Kante oder des Stabes in ϵ.

Für Vertikalstäbe [oben] sind z.B. die Lichtebenen λ und ihre Fluchtlinien l_0 vertikal; die *Bodenschatten* gehen also nach (2) durch den Schnittpunkt von l_0 und u, den *Sonnenfußpunkt* T_0, außerdem nach (3) durch die Fußpunkte der Stäbe. Die S_0-Strahlen durch die Kopfpunkte liefern deren Schatten. Für zwei gleich hohe Stäbe treffen sich die Verbindungsgeraden der Kopf-, Fuß- und Schattenpunkte im Fluchtpunkt auf u. — Fällt der Stabschatten auch auf ein Haus [Mitte], so schneidet λ die Wand vertikal, die Dachebene ϵ in f mit dem Fluchtpunkt $F_0 = e_0 l_0$; der S_0-Strahl durch den Kopfpunkt P ergibt den Schatten $\overline{P}$ auf f.

Ein Stab und eine Kante mit den Kopfpunkten A und B und den Fluchtpunkten X_0 und Y_0 [unten] sind ⊥ zu den Wänden a bzw. β mit den Fluchtlinien a_0 und b_0: Die Fluchtlinien ihrer Lichtebenen λ und μ sind $l_0 = S_0 X_0$ und $m_0 = S_0 Y_0$, die Fluchtpunkte ihrer Schatten f und g in a bzw. β also $F_0 = l_0 a_0$ und $G_0 = m_0 b_0$. Auf f und g erhält man dann die Schatten von A und B. Die Kante $\overline{BC}$ und daher auch ihr Schatten in β sind ∥ zu den Horizontalkanten von β.

Beim flüchtigen Skizzieren von Schatten überlege man sich stets die ungefähre Lage aller Fluchtlinien und Fluchtpunkte. Alle Schattenkonstruktionen benutzen nur diese Grundaufgaben, z.B. auch für beliebige schattenwerfende Kurven und schattenfangende Flächen oder punktförmige Lichtquellen.

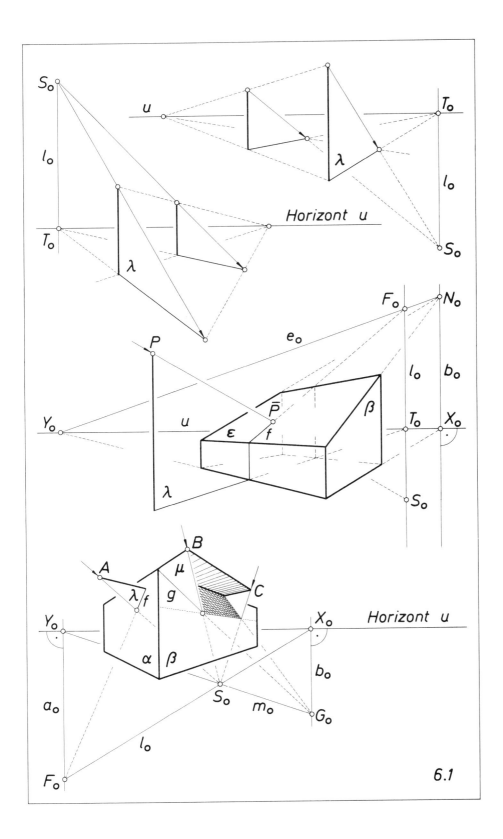

6.2 Die Ellipse als Kreisbild

Die Ellipse als Kreisbild tritt dann auf, wenn der Kreis die Verschwindungslinie seiner Ebene nicht trifft. Sind (wie in 4.5) die Fluchtlinie einer Wand, ihr Meßpunkt auf dem Horizont und eine Drehachse ∥ zur Fluchtlinie bekannt [oben], so verschiebt man einen Papierstreifen, auf dem der Abstand Meßpunkt-Fluchtlinie markiert wurde, so weit, bis die Fluchtlinienmarke auf der Achse liegt, die Meßpunktmarke also in der Umlegung die Lage der Verschwindungslinie angibt. Nun läßt sich entscheiden, ob diese die im Urbild gegebenen Kreise trifft. Das Bild unseres Rundbogenfensters wird (stets mit Tangenten) mit Hilfe der Perspektivität wie in 4.5 gewonnen. Der herausgezeichnete Viertelkreis zeigt noch einmal, daß auf dem Vertikalhalbmesser r die Abschnitte zwischen den fett markierten Punkten $= \frac{r}{2} \sqrt{2} \sim 0{,}7\ r$ sind. Diese Eigenschaft bleibt auf dem Bilde des Halbmessers erhalten und dient dazu, um die genullten Punkte und ihre Tangenten direkt zu skizzieren, ohne sie aus dem Urbild übertragen zu müssen.

Auch in unserem zweiten Beispiel [unten] trifft der horizontale Bodenkreis eines Vertikalzylinders die Verschwindungslinie nicht, erscheint also im Bilde als Ellipse. Sie wird (wieder mit Tangenten) mit Hilfe der Perspektivität [wie in 4.6] gewonnen: Achse ist die Spur der Bodenebene, Zentrum der untere Distanzpunkt D_1. Legt man durch das Auge O die vertikalen Sehebenen, die den (zunächst geschlossen gedachten) Zylinder in zwei Mantellinien berühren, so begrenzen diese den sichtbaren Zylinderteil. Ihre Bilder, also die Spuren jener Sehebenen in π, nennt man die *Konturmantellinien* des Zylinderbildes. Wir suchen nur die linke von ihnen: Die Bodenspur der Sehebene ist die Kreistangente $\dot{g}$ durch den Standpunkt $\dot{O}$, die Spur in π daher die Vertikale g' durch den fett markierten Achsenpunkt von $\dot{g}$. Dasselbe Ergebnis liefert – ohne diese räumliche Überlegung – das Intermezzo 4.8: Der Verschwindungspunkt der Kreistangente $\dot{g}$ im Urfeld ist $\dot{G}_v = \dot{O}$. Die zugehörige Ellipsentangente g' im Bildfeld geht daher durch den Fernpunkt des Ordners $D_1\dot{O}$, ist also in der Tat $\perp$ zur Achse. $\dot{g}$ berührt den Kreis in $\dot{P}$, g' die Ellipse in P'; dabei wird P' durch den Ordner $D_1\dot{P}$ auf g' ausgeschnitten.

Konstruktive Anwendungen auf Torbögen, zylindrische Säulen, kegelförmige Turmdächer, Drehflächen findet man in Lehrbüchern der Darstellenden Geometrie (S. 150; 3).

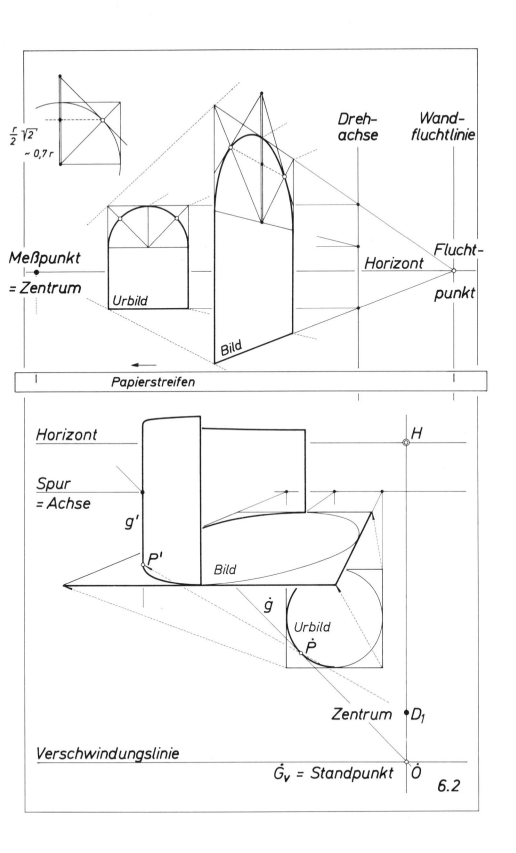

6.3 Die Hyperbel als Kreisbild

Die Hyperbel als Kreisbild erhält man, wenn der Kreis die Verschwindungslinie seiner Ebene in zwei Punkten trifft. Das zeigt die Skizze in 2.4: Der Zeichner steht im Innern eines horizontalen, i.a. großen Kreises und projiziert den hinter der vertikalen Tafel liegenden Kreisbogen auf diese Tafel. Sein Bild bestimmen wir mit Hilfe der Perspektivität [oben]. Die Bodenebene (mit Kreis, Standpunkt und Verschwindungslinie) ist [wie in 4.6] um ihre Spur nach unten in die Tafel gedreht: Achse wird die Spur, Zentrum der untere Distanzpunkt D_1. Die Konstruktionen benutzen stets die kurz gefaßte **Regel**: *Das Urbild einer Geraden ist ∥ zum Fluchtpunktordner, ihr Bild ∥ zum Verschwindungspunktordner* [4.8]. Da die Fluchtlinie und meist auch die Verschwindungslinie bekannt sind, so ergeben sich daraus i.a. zwei Möglichkeiten, die Bildgeraden zu bestimmen. Das gilt zunächst für den Tiefenliniendurchmesser, dessen hinter der Tafel liegender Kreispunkt einen Hyperbelpunkt mit horizontaler Tangente (aber etwa nicht einen Scheitel!) liefert. Das gilt ferner für die Hyperbeltangenten in den beiden Spurpunkten, z.B. im linken G: Ist $\dot{G}_v$ der Verschwindungspunkt der Kreistangente $\dot{g}$, so wird ihr Bild $g' \parallel D_1 \dot{G}_v$. Oder aber: Der Ordner $\parallel \dot{g}$ schneidet den Horizont im Fluchtpunkt G_0; dann wird $g' = GG_0$. Die beiden Tangenten treffen sich auf dem Bilde des Tiefenliniendurchmessers.

Ebenso finden wir die *Asymptoten,* d.h. die Tangenten in den Hyperbelfernpunkten, den Bildern der Verschwindungspunkte des Kreises, z.B. des linken $\dot{P}_v$ [unten]: Hier berührt die Kreistangente $\dot{p}$. Ihr Spurpunkt ist P, ihr Bild $p' \parallel D_1 \dot{P}_v$. Oder aber: Der Ordner $\parallel \dot{p}$ trifft den Horizont im Fluchtpunkt P_0; daher wird $p' = PP_0$. Als Kontrolle: Die Kreistangenten schneiden sich in einem Punkte $\dot{N}$ auf dem Tiefenliniendurchmesser, die Asymptoten also in seinem Bildpunkt N'. In die leer gelassenen Kästchen der Figur schreibe man geeignete Bezeichnungen für die Fernpunkte. — Kennt man von einer Hyperbel die Asymptoten und einen Punkt, so erhält man weitere Punkte mit Tangenten (besonders für Skizzen) nach einem Satz der Geometrie: Auf jeder Sekante und speziell auf jeder Tangente sind die Abschnitte zwischen der Hyperbel und den Asymptoten einander gleich [in unserer Figur z.B. auf der Spur; vergl. 6.5 oben].

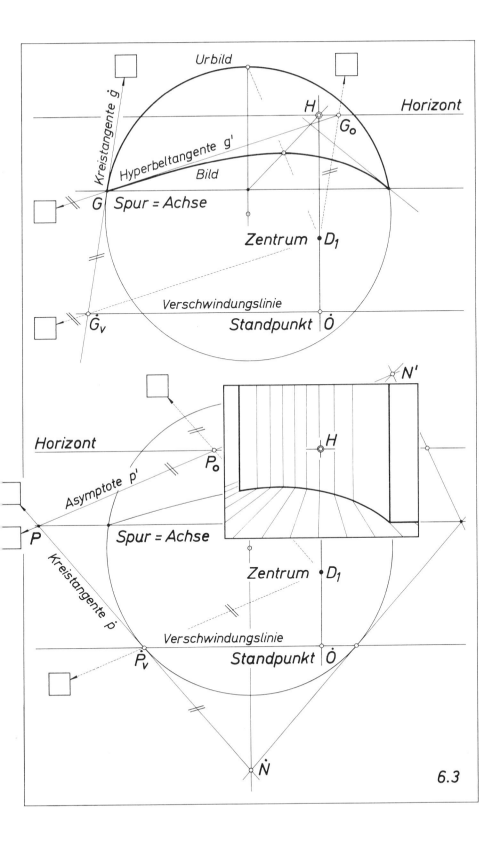

6.4 Ellipsenkonstruktionen

Ellipsenkonstruktionen dienen dazu, um die Bilder von Kreisen, die ganz vor dem Zeichner liegen, bequem (ohne die mühsame Perspektivität) zu skizzieren. Wir schildern – außer der in 5.6 behandelten – nur zwei besonders einfache Methoden.

In einem perspektiven Grundriß wird über der Seite $\overline{AB}$, etwa für eine Apsis, der Halbkreis gesucht [oben]. Gezeichnet sind schon die Tangenten in A und B, also ⊥ AB, ferner c ‖ AB mit dem Berührungspunkt C. Eine beliebige Parallele zur A- und B-Tangente, also durch deren Fluchtpunkt, schneidet die Sekanten AC und BC in U und V und die Tangente c in W. Dann treffen sich AV und BU in einem Ellipsenpunkt P mit der Tangente t = PW. Im Urbild ist nämlich U der Höhenschnittpunkt im Dreieck A B V, mithin P nach dem *Thalessatz* ein Kreispunkt. Nach demselben Satz liegen P und C auf dem Kreis um W durch U und V; daher ist $\overline{PW} = \overline{WC}$, also in der Tat PW eine Tangente. Beim Skizzieren reißt man die drei gestrichelten Hilfslinien nur kurz in der Gegend der Schnittpunkte U, V, W und P an.

Weit besser als diese *Höhensatzmethode* ist die *Tangentenmethode* besonders dann, wenn die A- und B-Tangenten, also die kurzen Rechteckseiten Lotlinien sind [unten], auf denen ja das Streckenverhältnis erhalten bleibt. Dann mache man sie zu Einheiten zweier Maßstäbe mit den Nullpunkten A und B, wähle auf jedem Punkte mit reziproken Marken und verbinde sie „kreuzweise", also $\frac{1}{3}$ mit 3, $\frac{1}{2}$ mit 2, $\frac{2}{3}$ mit $\frac{3}{2}$ usw: Jedesmal erhält man eine Tangente t; geht sie durch den Punkt mit der Marke q auf einer der Skalen, so liefert die Verbindungsgerade der Stelle 2q auf derselben Skala mit dem gegenüberliegenden Nullpunkt den Ellipsenpunkt P auf t. Für nicht erreichbare Skalenpunkte [z.B. auf der A-Skala] nutze man die Symmetrie zur Lotlinie durch C aus. Bei Skizzen halbiert und verdoppelt man nur die kurzen Seiten, begnügt sich also mit den Diagonalen des Rechtecks. Das Urbild zeigt, daß die Abschnitte p und q, die eine beliebige Tangente t auf den parallelen Tangenten in A und B abschneidet, nach Sätzen der Elementargeometrie in der Tat reziprok sind, wenn der Kreisradius r = 1 ist, und daß die Sekanten AP und BP doppelt so lange Abschnitte auf jenen Tangenten erzeugen. Beide Urbilder dienten wieder nur zur Begründung der Konstruktionen.

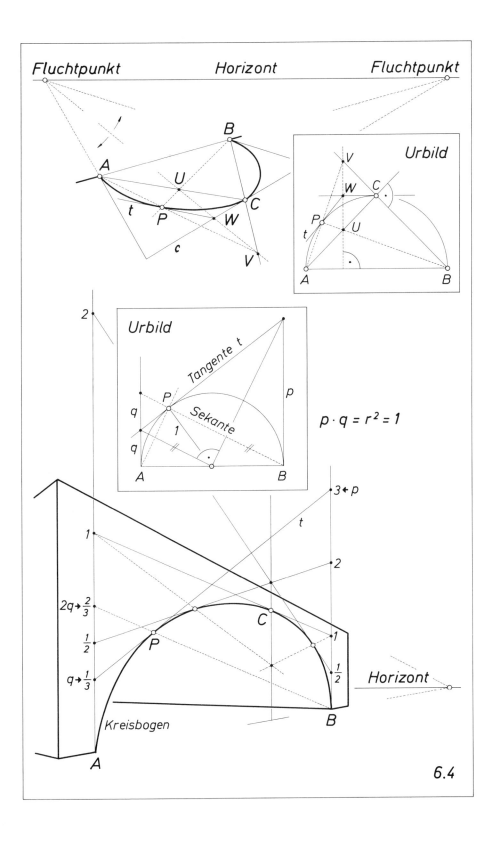

6.5 Hyperbel- und Parabelkonstruktionen

Hyperbel- und Parabelkonstruktionen dienen ebenfalls dazu, diese Kurven in Zentralbildern bequem zu gewinnen. Sie beruhen auf den bewundernswerten Untersuchungen griechischer Mathematiker über Kegelschnitte, die sich schon in den acht Büchern des Alexandriners *Apollonius* finden. Viele lassen sich aus zwei allgemeinen Sätzen herleiten, die die genialen Franzosen *Blaise Pascal* (1639 mit 16 Jahren) und *Charles Julien Brianchon* (1805) bewiesen, so auch die folgenden beiden einfachen Methoden.

Auf jeder Sekante und Tangente einer *Hyperbel* [oben] sind die beiden Abschnitte zwischen Kurve und Asymptoten einander gleich. Sind also die Asymptoten und ein Punkt P bekannt, so findet man auf jeder Geraden durch P einen weiteren Hyperbelpunkt Q. Auf der Tangente t wird Q = P: Treffen also die Parallelen durch P zu den Asymptoten diese in A und B, so wird t ∥ AB [vergl. 6.3].

Jede *Parabel* ist durch zwei Punkte A und B und ihre Tangenten a und b festgelegt. Ist M der Tangentenschnittpunkt und N die Mitte der Sehne $\overline{AB}$, so ist die Gerade MN stets ∥ zur (meist nicht bekannten) Parabelachse, geht also wie diese durch den einzigen Fernpunkt der Parabel. MN heißt ein *Durchmesser*. Er trifft die Parabel in einem weiteren Punkt C, dem Mittelpunkt der Strecke $\overline{MN}$. Seine Tangente c ist ∥ AB, halbiert also die Abschnitte $\overline{AM}$ und $\overline{BM}$. So findet man zwischen A und B einen Parabelpunkt C mit Tangente c, dann ebenso zwischen A und C, B und C usw.

Als Anwendung soll in das Bild des Rechtecks in der Figur 6.4 [unten] statt des Halbkreises ein Parabelbogen über der Basis $\overline{AB}$ mit dem Scheitel C und der Scheiteltangente c eingespannt werden. Das Bild der Parabelachse ist die Lotlinie durch C. Auf ihr liegt die Mitte N der Sehne $\overline{AB}$ und der Schnittpunkt M der diesmal nicht gegebenen, aber damit bestimmten Tangenten a und b in A und B, für den $\overline{CM} = \overline{NC}$. Nun gewinnt man über der Sehne $\overline{AC}$ einen Zwischenpunkt P mit Tangente t durch perspektive Übertragung unserer Parabelkonstruktion. Diese erfordert ja nur das Halbieren und Verdoppeln von Strecken auf Lotlinien und das Zeichnen von Parallelen. Sind deren Fluchtpunkte auf der Wandfluchtlinie nicht erreichbar, so benutzt man geeignete Hilfsmaßstäbe auf Lotlinien, auf denen ja parallele Geraden im Urbild gleichlange Strecken abschneiden [z.B. durch A und N].

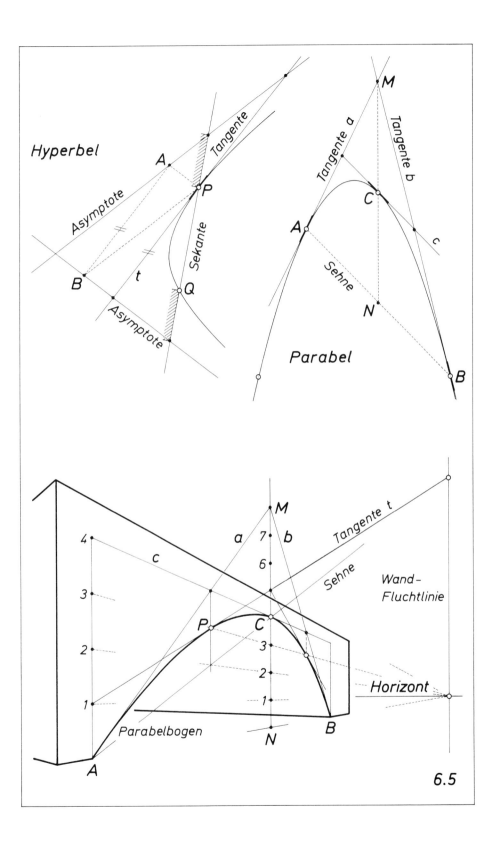

6.5

6.6 Das Aufbauverfahren

Das Aufbauverfahren, besonders bequem und schnell durchzuführen für Gebäudegruppen, benutzt die in 4.6 vorbereitete Perspektivität zwischen der Umlegung und dem Bilde der gegebenen Grundrisse. Dabei arbeitet der Zeichner am besten in vier Schritten:

(1) Im *Grundrißblatt,* das zunächst irgendwie neben unserer Figur liegen möge, wählt er einen günstigen Standpunkt Ȯ, die Spur c der Bildtafel π und damit die Distanz d [z.B. d = 48 m], in den Aufrissen [unten] geeignete Höhen für den Augpunkt [10 m] und für eine Kellergrundrißebene γ [–6 m], deren Bild die vollständigen Grundrisse unverdeckt und besser erkennen läßt [5.4], als das der Bodenebene β.

(2) Nun *dreht* er das Grundrißblatt so, daß c horizontal und Ȯ darunter liegt [oben], deutet es als Umlegung von γ und fügt wie in 4.5 die in π liegenden Elemente hinzu: Die Spur b von β und den Horizont u, beide ∥ c, Höhenmaßstäbe mit den Nullpunkten auf b, den Hauptpunkt H, den unteren Distanzpunkt D_1 und den Fluchtpunkt X_0 der Kanten ∥ ẋ.

(3) Der *perspektive Grundriß* entsteht wie üblich auf transparentem Blatt: Zusammengehörige Kanten treffen sich auf c, die Bilder x' von ẋ und t' von ṫ gehen durch X_0 bzw. H; die Ecken werden mit Ordnern durch D_1 übertragen, ebenso die Dreiteilung auf ṫ und – falls vorhanden – Tür- und Fensterbreiten. Nicht erforderlich für die Konstruktion ist der Standpunkt Ȯ.

(4) Der *vertikale Aufbau* erfolgt mit Hilfe der Höhenmaßstäbe: In π erscheinen die Gebäudehöhen [z.B. 18 und 14 m] und die der fünf Geschosse in wahrer Größe und werden mit Horizontalen durch X_0 bzw. H auf die Vertikalen über den Ecken übertragen. Die Teilung der x'-Kante in vier gleiche Abschnitte kann wie in 2.9 mit einer Breitenlinie geschehen [oben links]. Es ist reizvoll, das auf den Kopf gestellte Bild zu deuten, die perspektiven Grundrisse z.B. als horizontale Dachplatten über den beiden Bauten.

Bei komplizierteren Objekten denkt man sich durch den Grundriß des abzubildenden Punktes eine Tiefenlinie gelegt, die man wie in 4.6 überträgt. Dann nutzt man natürlich auch weitere Eigenschaften der Perspektivität aus, vor allem die Regel in 6.3 und dazu also die Verschwindungslinie durch den Standpunkt Ȯ. Das ist in den beiden Beispielen 6.2 und 6.3 angedeutet.

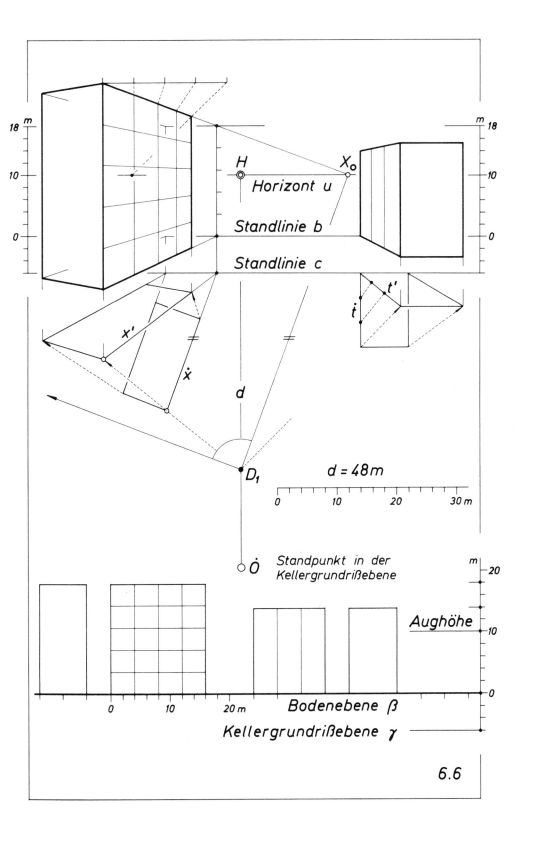

6.7 Das Schichtenverfahren

Das Schichtenverfahren ist zweckmäßig für Objekte, an denen in Horizontalebenen Kurven auftreten, z.B. eine Arena mit ansteigenden Sitzreihen, ein Gelände oder ein Berg mit Höhenlinien oder das Modell eines Hochhauses mit angrenzendem Rundbau [6.7_3], mit dem wir diese besonders einfache Methode erläutern.

Das *Grundrißblatt* wird wie in 6.6 vorbereitet. Auf ihm erscheinen die zylindrischen Wände als Viertelkreise, die Tafelspur ist durch eine Gebäudeecke 1 gelegt. Der auf dasselbe Blatt gezeichnete Aufriß zeigt drei Schichten α, β und γ. Das eigentliche *transparente Zeichenblatt,* das die Tafel π darstellt, wird darüber gelegt und im Hauptpunkt H und dem unteren Distanzpunkt D_1 mit Nadeln befestigt, an die sich wie in 4.6 beim Zeichnen ein Lineal anlehnen kann. Auf diesem Blatt werden wieder nur der Horizont und an den Seiten die Spuren a, b und c von α, β und γ mit den aus dem Aufriß entnommenen Abständen markiert.

Die Tafelspur des verschiebbar darunter liegenden Grundrißblattes bringt man der Reihe nach mit diesen Spuren zur Deckung, deutet also jedesmal den Grundriß als Umlegung einer der Schichten und verwandelt den in ihr liegenden Linienzug punktweise mit unserer Perspektivität wie in 6.6 in sein gesuchtes Bild. Dabei überträgt man die Grundrißpunkte in ihr Bildfeld stets mit Ordnern, entweder auf das Bild einer Hilfstiefenlinie, die man [wie in 4.6] durch den Punkt legt oder auf eine schon bekannte Kante des Bildes.

So bestimmt man in unserem Fall der Reihe nach in den Bildern der drei Schichten z.B. die Punkte:
In α' mit der Achse a [6.7_1]: $1' = \dot{1}$, Kreismitte A', 2' auf A'1'.
In β' mit der Achse b [6.7_2]: B', 3', 4' auf B'3', 5', 6' auf B'5'.
In γ' mit der Achse c [6.7_3]: 7', C', 8', 9' auf C'8'.

Natürlich sind beim wirklichen Zeichnen in großem Format weitere Punkte, und zwar stets mit Tangenten erforderlich. Beim Bilde einer Arena kann es zweckmäßiger sein, den Schichtengrundriß von unten nach oben zu verschieben, also mit den untersten Sitzreihen zu beginnen. So entstanden die drei letzten Beispiele 7.7. Dabei zeigt 7.7_6 besonders schön, wie ein solches exakt konstruiertes Bild durch Einfügen von Personen lebendig gestaltet werden kann.

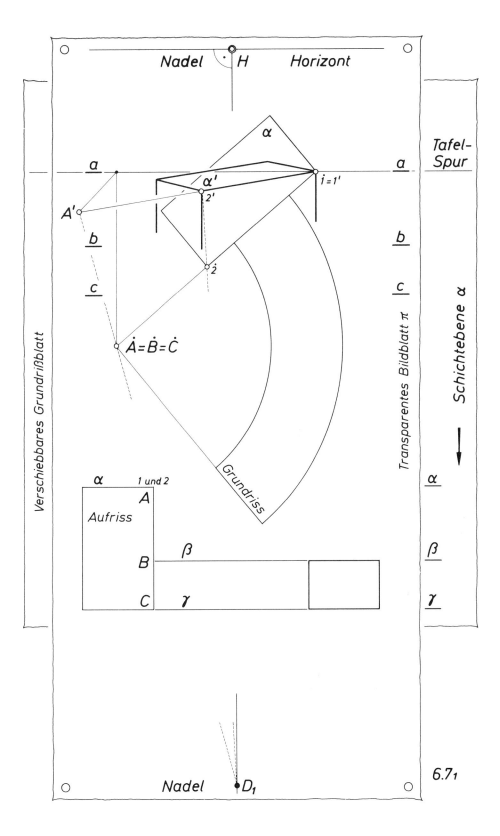

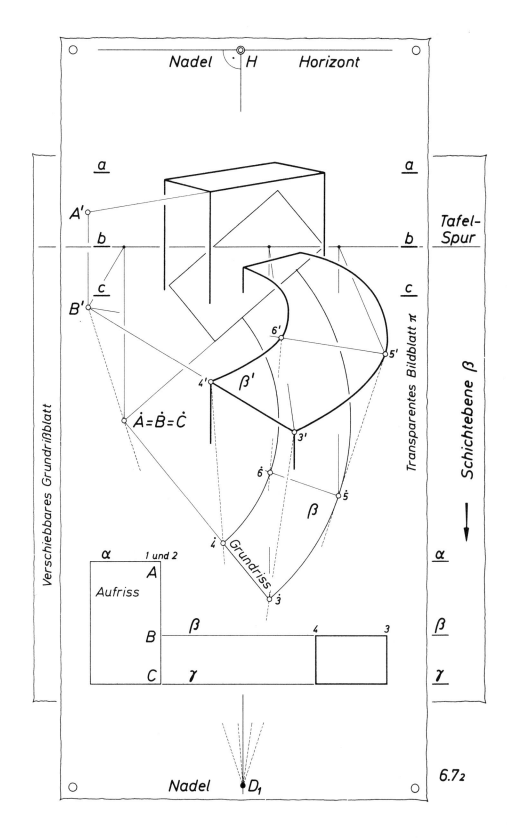

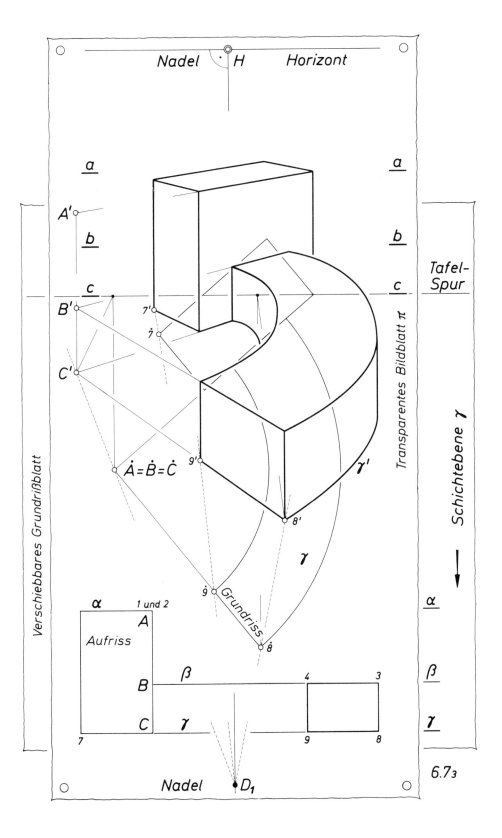

6.8 Gebundene Perspektive

Die gebundene Perspektive stellt das Zentralbild direkt mit der Sehstrahlenpyramide her, meist in zwei Rissen, in denen auch das Objekt gegeben ist. Interessant und einfach erscheint das *Einschneideverfahren*, erfordert aber große Vorarbeit [oben]. Die Tafel π ist die Aufrißebene, die Bodenebene γ mit der Spur c die Grundrißebene, $\dot{O}$ und $\ddot{O}$ sind die Risse des Augpunktes O. Als Objekt wählen wir eine Hauswand: Ihr Aufriß ist ein Rechteck, ihr Grundriß eine Strecke; P sei eine obere Ecke mit den Rissen $\dot{P}$ und $\ddot{P}$. Über dem Grundriß eines jeden Objektpunktes zeichnen wir seine Höhe über γ, z.B. für $\dot{P}$ und $\dot{O}$ die Höhen $\dot{P} P^X$ von $\ddot{P}$ und $\dot{O} O^X$ von $\ddot{O}$ über c. So entsteht eine *Militärprojektion*, ein Parallelbild des Objektes, wie man es auf großen Stadtplänen sieht; die Wand erscheint als Parallelogramm. Dann treffen sich — so behaupten wir — die Strahlen $\ddot{O}\ddot{P}$ und $O^X P^X$ im gesuchten Bildpunkt P' von P. Die Figur zeigt die Konstruktion für die 4 Wandecken. Deutet und beschriftet man die Punkte anders, so ergibt sich ein Beweis aus unserem Schichtenverfahren. Es ist ja $\ddot{O} = H$, $O^X = D_1$. Die Grundrißebene γ verschieben wir und legen sie durch P, deuten sie also wie in 6.7 als eine Schichtebene α mit der Spur a. Nach der Umlegung fällt dann $\dot{P}$ auf den Punkt P^X, die Vertikale durch $\dot{P} = P^X$ ist eine Tiefenlinie, $H\ddot{P}$ ihr Bild, auf dem der Ordner $D_1 P^X$ in der Tat das Bild P' ausschneidet.

Bei der *Architektenanordnung* [unten] liegt der Grundriß oben, die geeignet gewählte Tafelspur c horizontal, der Standpunkt $\dot{O}$ darunter, das Bildblatt zwischen $\dot{O}$ und c und ein Seitenriß daneben. Urbilder und Risse bezeichnen wir hier mit den gleichen Symbolen, mit Ausnahme von $\dot{O}$. Der Fluchtpunkt X_0 wenigstens einer Kantenrichtung x sei im Grundriß erreichbar. Aus dem Seitenriß überträgt man die Höhen horizontal in das Bildblatt, auch die des Horizontes und der Standlinie c; aus dem Grundriß lotet man die (von den Sehstrahlen „angerissenen") π-Punkte in das Bildblatt herunter, also H und X_0 auf den Horizont. Durch jede Hausecke, z.B. P legen wir zwei Hilfslinien: eine horizontale x mit dem Spurpunkt X, also dem Bild $x' = XX_0$, und eine vertikale, deren Bild man wieder durch „Herunterloten" gewinnt; es trifft x' in P', dem Bilde von P. Von dem nachträglich frei einskizzierten Baum bestimme man den Grundriß und die Höhe.

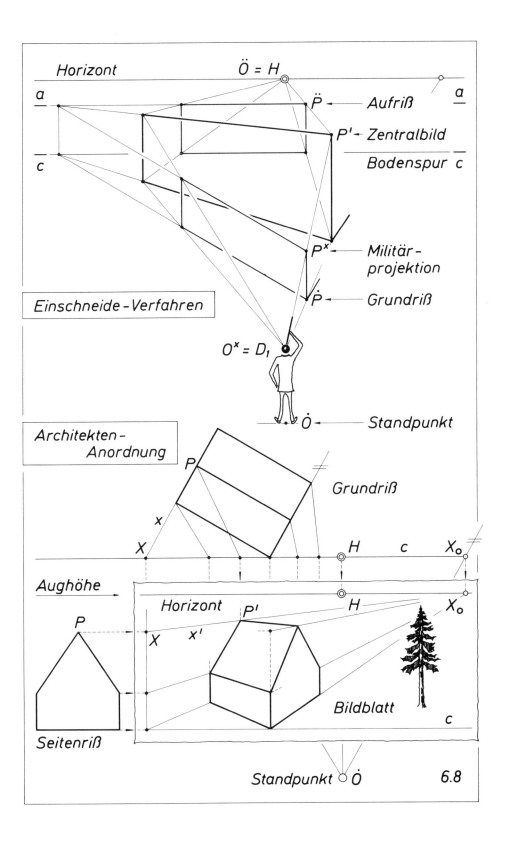

7. Bilder ohne Texte – Anregungen

7.1 – 7.8 Architekturbeispiele in freier Perspektive

7.1 Leon Battista Alberti, der große Künstler der Renaissance, steht mit einer Figurenseite seines Buches über die Malerei, und zwar aus der italienischen Übersetzung von 1804, am Anfang dieser Anregungen, weil mit ihm theoretische Bemühungen begannen (1.10). Sein Leben und seine Zeit schildert *Jacob Burckhardt* in dem berühmten Werke „Die Kultur der Renaissance in Italien". Die schöne Bronzemedaille neben dem Titelblatt, wahrscheinlich von *Pisanello,* befindet sich im Louvre in Paris.

7.2 **Sonnenschatten:** Sonnenpunkt S_0 – Sonnenfußpunkt T_0.
7.3 **Schwimmbad:** Frontansicht – Teildistanzpunkte D_2.
7.4 **Das Holstentor:** Kreise – Zylinder – Kegel – Eckansicht – Meßpunkte X_1 und Y_1 konjugierter Richtungen.
7.5 **Halle und Brücke:** Parabeln – Eckansichten – Teilmeßpunkte X_2 und Y_2 konjugierter Richtungen.
7.6 **Hochhaus:** Kippansicht mit drei Fluchtpunkten zum Ausmessen.
7.7 **Sechs Studienblätter:** 7.7_1 bis 7.7_3 Meßpunkte – 7.7_4 bis 7.7_6 Schichtenverfahren. Skizzenhaft angedeutete Personen sollen die Größenverhältnisse zeigen und das Bild lebendig machen.

Diese Beispiele sind als Denk-, Lese- und Übungsaufgaben gedacht, ohne Erläuterungen, aber mit helfender Beschriftung: 7.1 – 7.6 mit eingezeichneten Konstruktionen, 7.7 ohne Konstruktionen. Die Risse der Objekte werden für die Konstruktionen nicht – wie bei der gebundenen Perspektive – benutzt, aus ihnen entnimmt der Zeichner nur Maße und Formen; so kann er den gegebenen Entwurf noch bei der Bildgestaltung mit den Methoden der *freien Perspektive* ändern. Die Abszissen der [stets fett markierten] Meßpunkte werden den Formel-Tabellen im Abschnitt 5 entnommen. Die Distanzen in 7.7 sind die der Originalblätter, also wie überall 0.65fach verkleinert zu denken beim Betrachten der Buchfiguren.

7.8 David Gilly und Karl Friedrich Schinkel bilden mit zwei besonders eindrucksvollen Beispielen den Abschluß dieser Anregungen: Die großen Berliner Architekten, die die Zentralbilder ihrer vielen, oft nicht ausgeführten Entwürfe mit den Mitteln der freien Perspektive sorgfältig bis ins kleinste ausgestalteten. Die schönsten, auch die hier abgebildeten, befinden sich in der Bücherei der Berliner Technischen Universität.

7.1 Leon Battista Alberti : Figurenseite

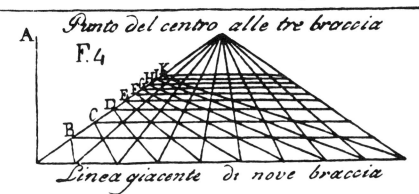

A. punto della veduta alto tre braccia. B.C.D.E
F.G.H.I.K. linee parallele

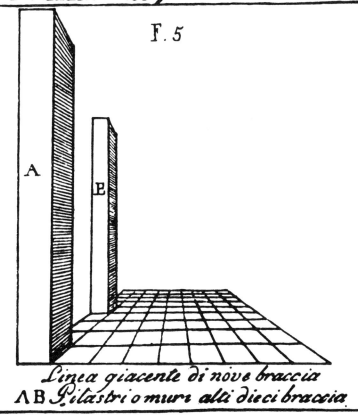

Punto del centro   – Hauptpunkt
Punto della veduta – Distanzpunkt

7.2 Sonnenschatten

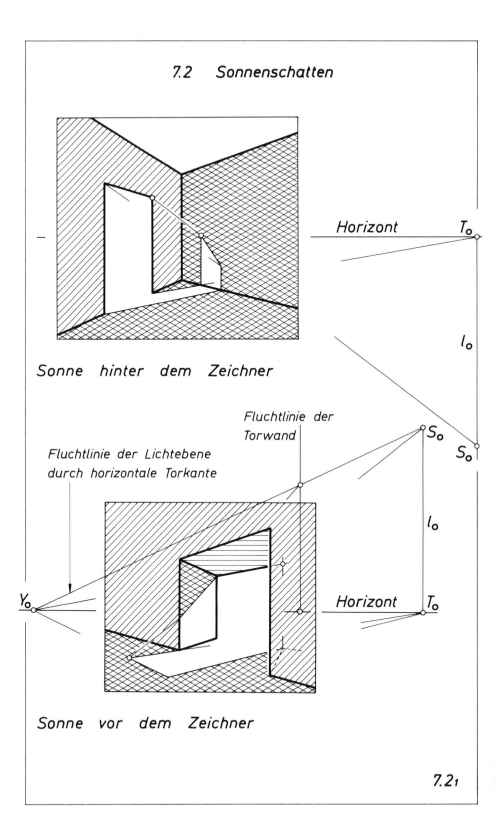

Sonne hinter dem Zeichner

Fluchtlinie der Torwand

Fluchtlinie der Lichtebene durch horizontale Torkante

Sonne vor dem Zeichner

7.2₁

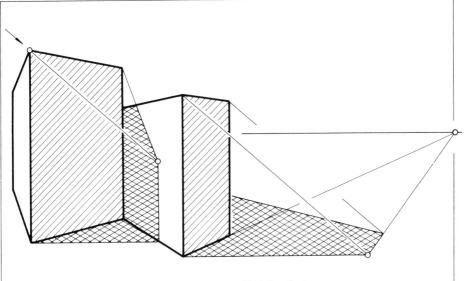

Lichtstrahlen parallel zur Bildtafel

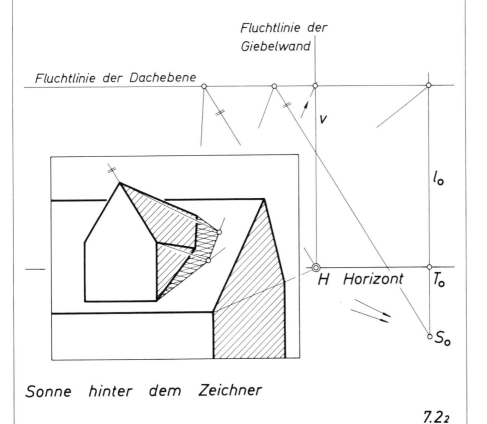

Fluchtlinie der Giebelwand

Fluchtlinie der Dachebene

v

l_o

H Horizont T_o

S_o

Sonne hinter dem Zeichner

7.2₂

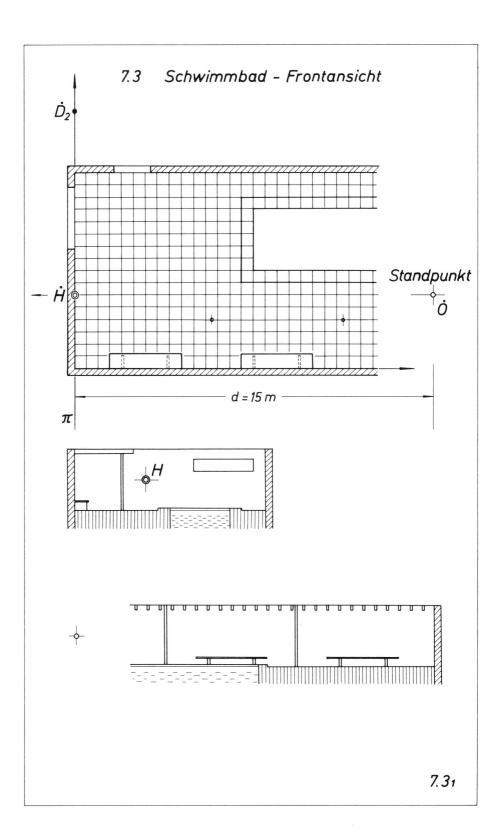

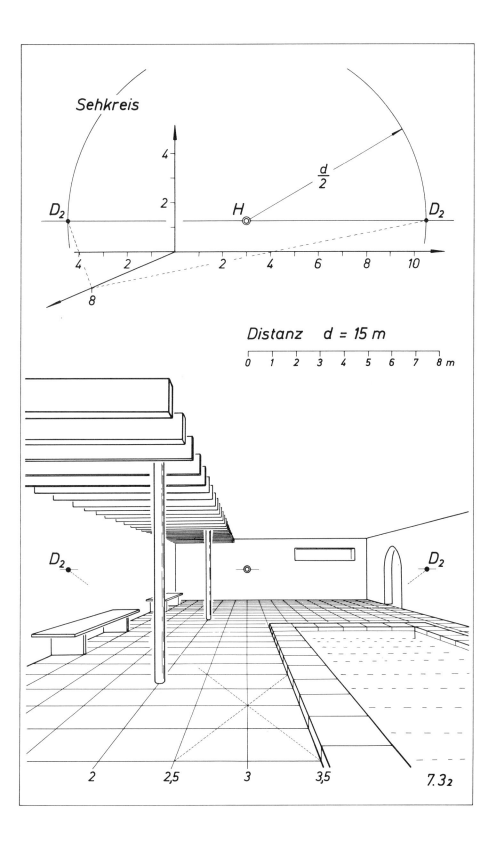

Sehkreis

$\frac{d}{2}$

Distanz $d = 15$ m

7.3₂

7.4 Tor - Kreise - Eckansicht

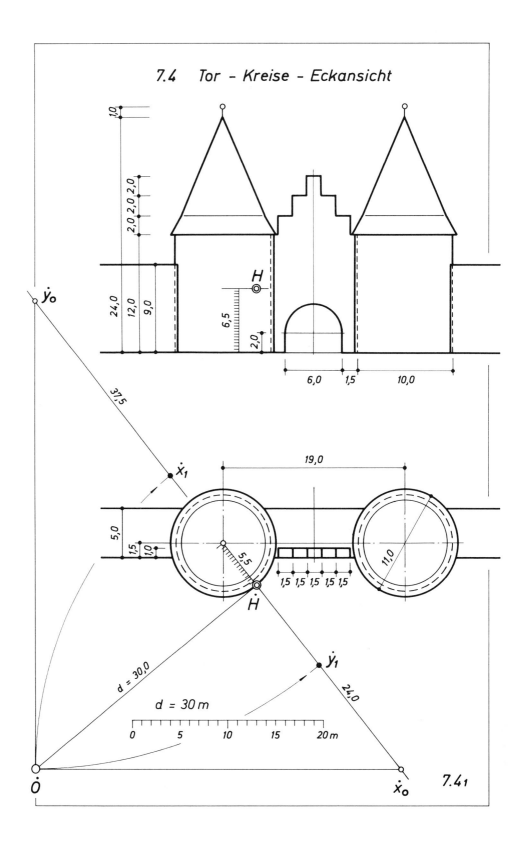

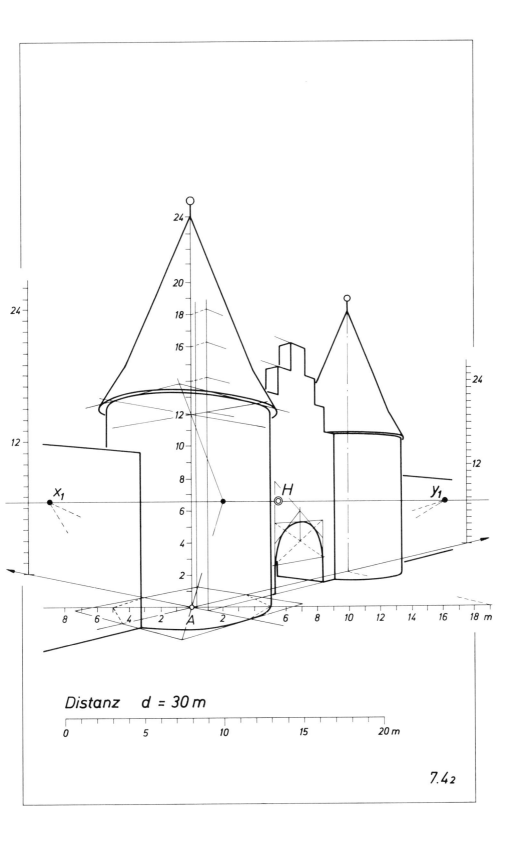

Distanz d = 30 m

7.42

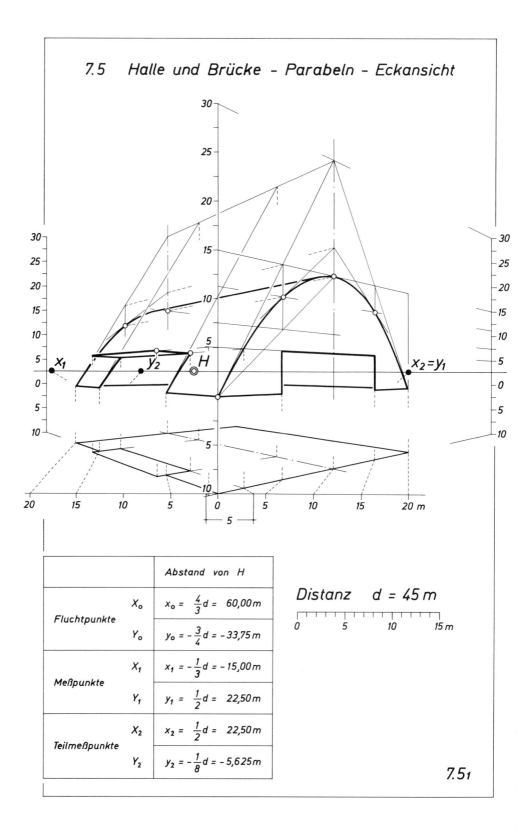

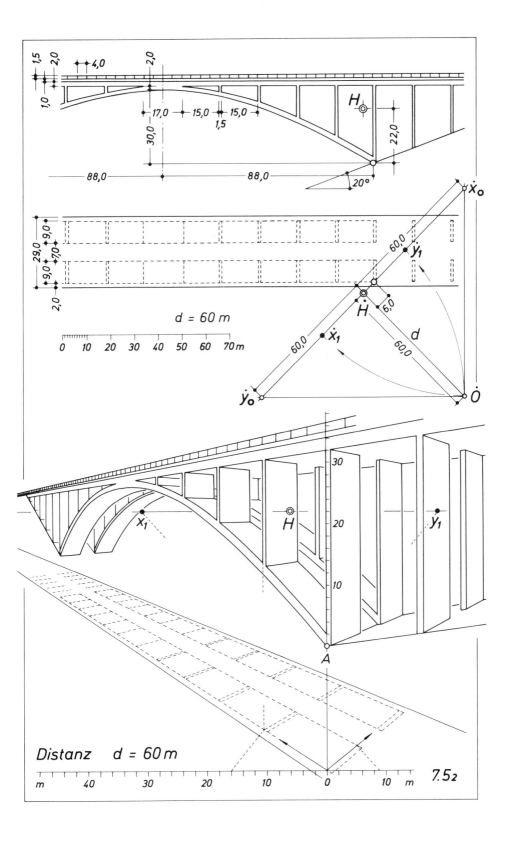

7.6 Hochhaus - Kippansicht

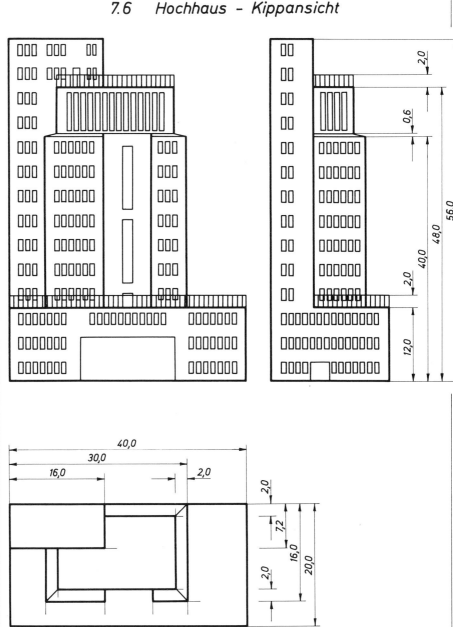

7.6₁

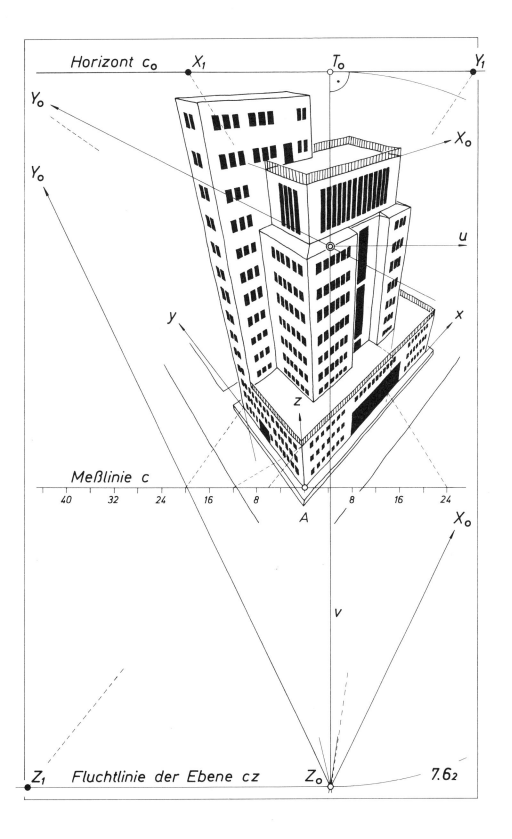

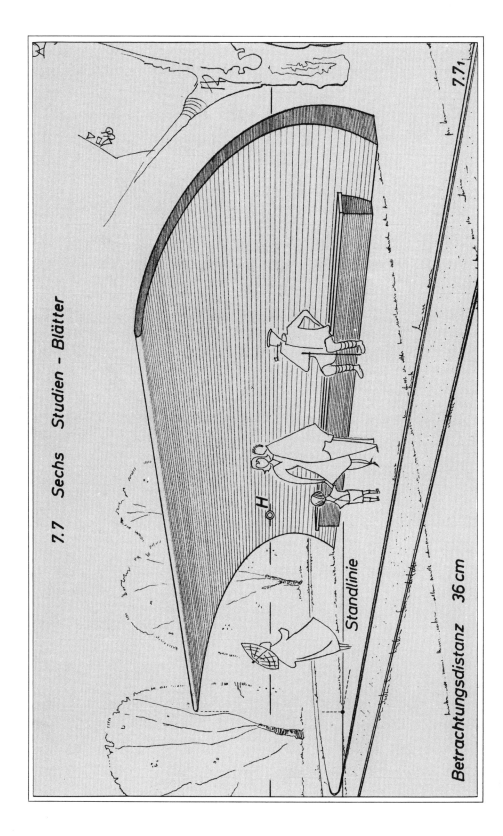

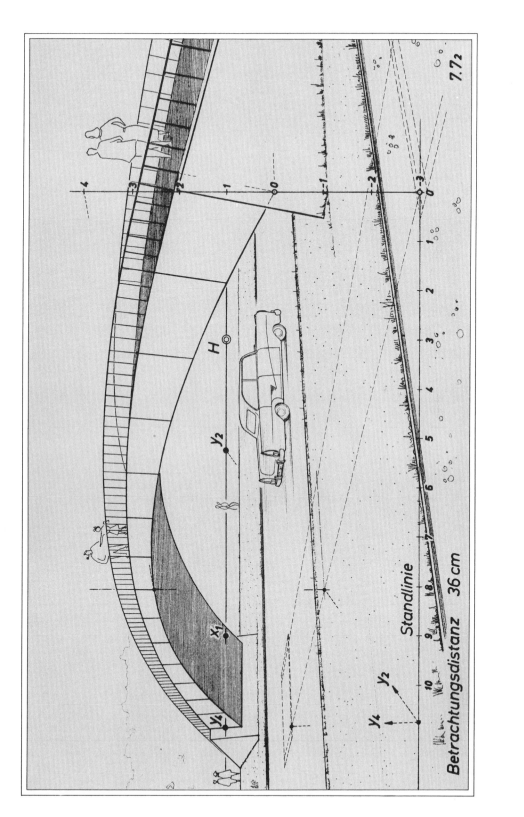

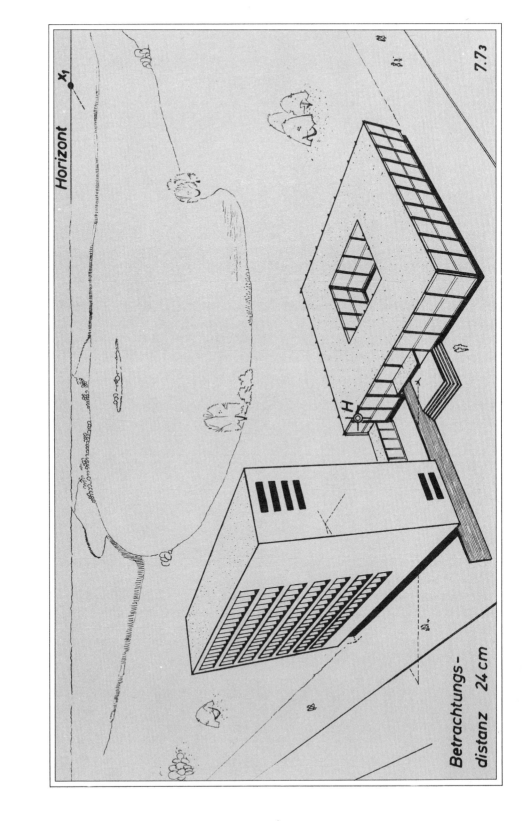

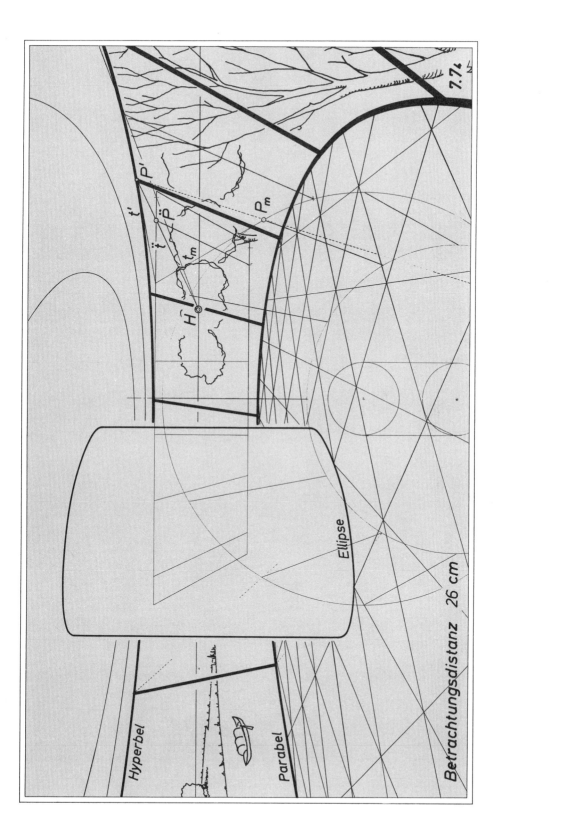

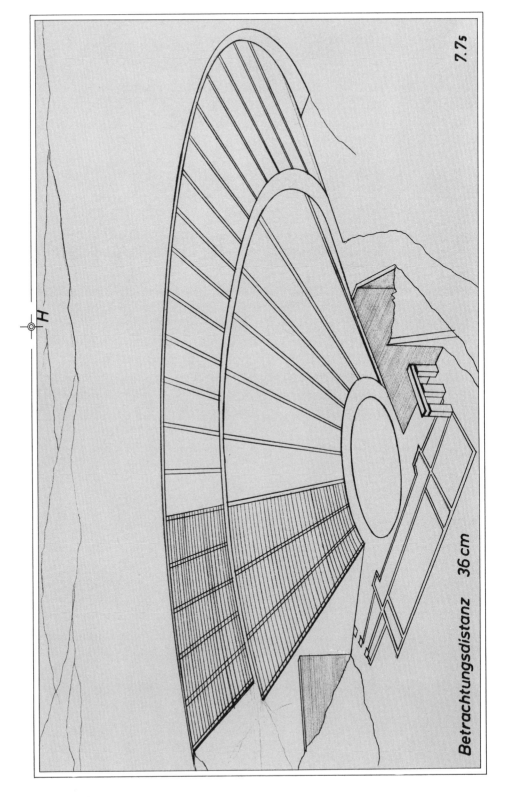

Betrachtungsdistanz 36 cm

7.7s

7.76

7.8   Perspektive Entwürfe

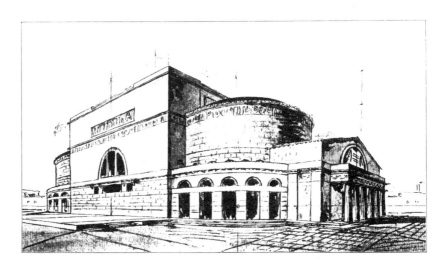

Friedrich Gilly   (1772 - 1800)

Schauspielhaus auf dem Gendarmenmarkt
Berlin 1800

7.8₁

Karl Friedrich Schinkel (1781 - 1841)

Foyer im Schauspielhaus Berlin

Literaturauswahl

1. Praktische Leitfäden mit guten Architektur-Beispielen
Tank, Peter: Konstruierte Perspektiven. Stuttgart: Konrad Wittwer, 1951
Morehead, James C.: A Handbook of Perspective Drawing. Houston-Texas: Elsevier Press 1952
Döllgast, Hans: Gebundenes Zeichnen. Ravensburg: Otto Maier 1953 (Konstruierte Skizzen werden an Lichtbildern erläutert!)
Nyström, E.J.: Perspektivi-Oppi / Perspektiv-Lära (Finnisch und Schwedisch). Helsinki: Tilgmannin KirjaPaino 1947

2. Leben und Werke großer Meister und Forscher (1.10)
Vasari, Giorgio: Künstler der Renaissance. Leipzig: Dieterichsche Verlagsbuchhandlung 1940
Burckhardt, Jacob: Die Kultur der Renaissance in Italien. Große illustr. Phaidon-Ausgabe. Wien: Phaidon-Verlag 1940
Petrus pictor Burgensis: De Prospectiva Pingendi nebst deutscher Übersetzung von C. Winterberg. Straßburg: Heitz 1899
da Vinci, Leonardo: Traktat von der Malerei. Jena: Eugen Diederichs 1925
Albrecht Dürer's Unterweisung der Messung. Um Einiges gekürzt und neuerem Sprachgebrauch angepaßt von Alfred Peltzer. München: Süddeutsche Monatshefte 1908
Lambert, Johann Heinrich: Schriften zur Perspektive. Herausgegeben von Max Steck. Berlin: Dr. Georg Lüttge-Verlag 1943

3. Zur Ergänzung und Vertiefung
Bartel, Kazimierz: Malerische Perspektive. Übers. von W. Haack, Leipzig und Berlin: B.G. Teubner 1934
Neuere Bücher über Darstellende und Konstruktive Geometrie:
    Graf, U.: U-Taschenb. 817, 1978
    Hohenberg, F.: Wien, Springer-Verlag 1961
    Rehbock, F.: Heidelberger Taschenb. 64, 1969
    Reutter, F.: Karlsruhe, Verl. G. Braun, Band 2, 1976
    Wunderlich, W.: B-I-Hochschultb. 133, 1967.
Thibault: Anwendung der Linienperspektive. Von seinem Schüler Chapuis. Nürnberg: Joh. L. Schrag 1834. (Schöne alte Stiche – z.B. rechte Seite)
Hauck, Guido: Die subjektive Perspektive, Stuttgart: Konrad Wittwer 1879. (Zentralbilder auf Grund der physiologischen Optik)

Nachgelassenes Werk

von
J. T. Thibault

Herausgegeben von
seinem Schüler Chapuis

Sach- und Namenverzeichnis

Die Ziffern hinter den Stichworten beziehen sich auf die Nummerneinteilung. Einige Abkürzungen der Elementargeometrie sind im Verzeichnis ohne Nummern angegeben.

AB = Verbindungsgerade der Punkte A und B
$\overline{AB}$ = Strecke mit den Endpunkten A und B
ab = Schnittpunkt der Geraden a und b
Abbildung, lineare und nichtlineare 1.3
Abstandsformel 3.2
Abszissen 3.6, 4.3
Abszissentabelle 5.4
Achse einer Perspektivität 4.5
Achsenmaßstäbe 5.3$_1$
Alberti, Leon Battista (1404-1472) 1.3, 1.10, 7.1
Antipolarität, Antipol, Antipolare 3.2
Apollonius (um 200 v. Chr.) 6.5
Architektenanordnung 6.8
Asymptoten 6.3
Aufbauverfahren 6.6
Aughöhe 2.5
Augpunkt 1.1, 1.2, 1.3
Ausmessen von Bildern 5.7
Ausstellungshalle 7.5

Berechnen der Abszissen 5.3$_2$
Betrachtungsdistanz 5.3$_1$
Bildebene = Bildtafel 1.1, 1.2
Bildfeld 4.5
Bildpunkt 1.1
Bodenebene 2.4, 2.5
Bodentäfelung 5.3$_3$
Breitenebenen 2.6, 2.7
Breitenlinien 2.5
Breitenmaßstäbe 5.2$_1$
Brianchon, Charles Julien, Satz von (um 1805) 6.5
Brücke 7.5, 7.7
Burckhardt, Jacob (1818-1897) 7.1

Desargues (1591-1661) 1.10
Distanz 1.1, 1.5
Distanzkreis 1.5
Distanzpunkte 4.3, 4.4
Drehachse 4.5
Drehsehnen, Drehsehnenfluchtpunkt 4.2
Dreieck, echtes und ausgeartetes 3.4, 3.5
Durchmesser einer Parabel 6.5
Durchstoßpunkt 1.1
Dürer, Albrecht (1471-1528) 1.3, 1.10

Eckansicht 2.10, 3.5, 3.6
Einschneideverfahren 6.8
Ellipse 2.4
Ellipse als Kreisbild 6.2
Ellipsenkonstruktionen 6.4
Entartetes Bild 2.3

Fallinie 1.2
Fernpunkte, Ferngerade 1.2
Fernpunkte eines Kreisbildes 2.4
Firstkante 1.2
Fixpunkte einer Perspektivität 4.8
Flor 1.1, 1.3
Fluchtdreieck 3.3, 5.5
Fluchtdreieck, ausgeartetes 3.5, 3.6
Fluchtebene 2.3
Fluchtlinie 2.3, 2.4
Fluchtliniensatz 2.3
Fluchtpunkt 1.6, 1.8, 2.1
Fluchtpunktblatt 5.3$_3$
Fluchtpunktsatz 2.1
Fluchtstrahl 2.1
freie Perspektive 7.2 bis 7.8
freye Perspektive Lamberts 1.10
Frontansicht 1.4, 3.5, 3.6
Frontebene 1.2

Frontgerade, Frontlinie 1.2
Froschperspektive 3.8

Gebundene Perspektive 1.10, 6.8
Gehrungslinien 5.2_1
gekoppelte Punkte und Geraden 4.5
Gilly, David (1772-1800) 7.8
G-Linien = Linien durch den Punkt G
g-Punkte = Punkte auf der Geraden g
Gravesande (s'Gravesande 1688-1742)
   1.10
Grundprobleme 1.7
Grundrißblatt 6.6, 6.7
Grundriß, perspektiver 4.6

Hauptpunkt H 1.1, 1.4, 1.5, 2.5
Hauptstrahl 1.5
Historische Übersicht 1.10
Hochhaus 7.6
Höhenmaßstab 5.2_1, 6.6
Höhensatz 3.3
Höhensatzmethode 6.4
Holstentor in Lübeck 7.4
Horizont u 1.8, 2.5
Hyperbel 2.4
Hyperbel als Kreisbild 2.4, 6.3
Hyperbelfernpunkte 6.3
Hyperbelkonstruktionen 6.5

Innenansichten 5.3_3

Kegelschnitt 2.4
Kellergrundriß 5.4
Kippansicht 3.3, 3.7, 5.5
Kippfoto 5.6
Kollineation 1.10
Konturmantellinien 6.2
Koordinaten 1.10
Kreisbild 2.4, 5.6
Kreiskegel 2.4

Lambert, Johann Heinrich (1728-1777)
   1.8, 1.10
Laue, Max von (1879-1960) 5.8
Leonardo da Vinci (1452-1519) 1.10
Lichtebene 1.4, 6.1
Lichtstrahl 1.4
Lineare Abbildung 1.3

Lotlinien 2.1, 2.5
Lotebenen 2.6

Malerregel 1.5
Meßkreis 5.1
Meßlinie 1.9, 5.1, 5.2_1, 5.2_2, 5.5
Meßpunkt 1.9, 1.10, 5.1 bis 5.5
Militärprojektion 6.8

Natürlicher Maßstab 5.2_1
N-Fluchtlinie, N-Fluchtpunkt 3.1, 3.2
Nichtlineare Abbildung 1.3
Normalebenen, Normalen 3.1

O = oculus = Augpunkt 1.2
Ordner einer Perspektivität 4.5
O-Strahlen = Strahlen durch den
   Augpunkt O 1.3

Parabel 2.4
Parabelkonstruktionen 6.5, 7.5
Parallelbild 1.7
Parallele Geraden und Ebenen 2.1, 2.3
Pascal, Blaise (1623-1662) 6.5
Perspektivität 1.10, 4.5, 4.8
P-Geraden = Geraden durch den Punkt P
*Piero della Francesca = Petrus pictor
   Burgensis* (etwa 1416-1492) 1.10
Profildreieck 3.2
Profilebene = Profil 3.1
Profillinie 3.2
Profilskizze 5.5
Projektionsstrahlen = Sehstrahlen
   = O-Strahlen 1.3
Proportionalmaßstäbe 3.7
punctum concursus 1.10
punto del centro und punto della veduta
   1.10, 7.1

Quaderbild 3.4

Raster 5.4
Rechnerische Methoden 5.8
Rechtwinklige Geraden und Ebenen 3.1
Rechtwinkelgesetz 1.8
Rechtwinkelhaken 5.1, 5.5
Rechtwinkelprofil 4.1

Schatten 1.4
Schattenfangende Ebene 1.4
Schattenkonstruktionen 6.1
Schichtenverfahren 6.7
Schinkel, Karl Friedrich (1781-1841) 7.8
Schwimmbad 7.3
Sehebene, Sehstrahl 1.3
Sehkegel, Sehkreis 1.5
Sehweite, deutliche 1.5
Sonnenfußpunkt T_0 6.1
Sonnenpunkt S_0 6.1
Sonnenschatten 7.2
Spur 1.2
Spurpunkt 1.2
Standlinie 2.5
Standpunkt 2.2
Streckenmeßpunkt 1.9, 5.1
Studienblätter 7.7

Tafel = Bildebene 1.3
Tafelferngerade 4.8
Tangentenmethode 6.4
Teildistanzpunkt 5.2_1
Teilen von Strecken 2.9
Teilmeßpunkt 5.2_2
Teilpunkt 1.9
Thales von Milet: Satz des Thales (640 v. Chr.) 6.4
Thulesius, Daniel (1891-1967) 1.8
Tiefenebenen 2.6, 2.8, 4.3

Tiefenlinien 2.5, 5.2
Tiefenmaßstab 5.2_1
Tiefenwände 2.5

Ubaldo del Monte, Guido (1545-1607) 1.10
Umlegung 4.5
Urbild 2.1, 4.5, 4.8
Urfeld 4.5, 4.8

Vasari, Giorgio (1511-1574) 1.10
Verschieben von Strecken 2.9
Verschneiden von Ebenen 2.10
Verschwindungsebene 1.3, 2.2, 2.4
Verschwindungslinie 2.4, 4.8
Verschwindungspunkt 1.3, 2.2, 4.8
Verständig, Elisabeth (1897-1944) 5.8
Vertikale v 2.5
Verzerrung 1.6
Vogelperspektive 3.8

Wiener, Christian (1826-1896) 1.10
Winkelmeßpunkt 1.9, 4.1
Winkelmessung 1.9, 4.1
Winkelsatz 2.3

Zentralbild 1.1, 1.7
Zentralperspektive = Zentralprojektion 1.7
Zentrum der Perspektivität 4.5

Bezeichnungen

Bildtafel π Augpunkt O   Hauptpunkt H
Horizont u   Verschwindungsebene π_v

	Punkte	Geraden	Ebenen
	A B ...P ..	a b ...g ..	α β ...ε ..
Zugehörige			
Zentralbilder	A' B' ...P'..	a' b' ...g'..	α' β' ...ε'..
Grundrisse	$\dot{A}$ $\dot{B}$ ...$\dot{P}$ ..	$\dot{a}$ $\dot{b}$ ...$\dot{g}$ ..	$\dot{\alpha}$ $\dot{\beta}$ ...$\dot{\varepsilon}$ ..
Umlegungen	A^x B^x ...P^x..	a^x b^x ...g^x..	α^x β^x ...ε^x..
Schatten	$\overline{A}$ $\overline{B}$ ...$\overline{P}$ ..	$\overline{a}$ $\overline{b}$ ...$\overline{g}$ ..	$\overline{\alpha}$ $\overline{\beta}$ ...$\overline{\varepsilon}$ ..

Spurpunkte – Spuren	A B ...G ..	a b ...e ..
Fluchtpunkte – Fluchtlinien	$A_o B_o ... G_o$ ..	$a_o b_o ... e_o$ ..
Verschwindungspunkte – Verschwindungslinien	$A_v, B_v ... G_v$ ..	$a_v b_v ... e_v$ ..
Streckenmeßpunkte – Winkelmeßpunkte	$A_1, B_1 ... G_1$ ..	$O^\alpha O^\beta ... O^\varepsilon$ ..
Teilmeßpunkte	$A_2 B_2 ... G_2$ ..	

Spezielle Punkte:

Distanzpunkt D_1
Sonnenpunkt S_o
Sonnenfußpunkt T_o

Breitenlinien und Breitenebenen $\parallel u$
Tiefenlinien und Tiefenebenen $\perp \pi$
Lotlinien und Lotebenen   vertikal

Verbindungsgerade AB   Strecke $\overline{AB}$
Schnittpunkt ab
g-Punkte: Punkte auf der Geraden g
P-Geraden: Geraden durch den Punkt P

F. Rehbock

Darstellende Geometrie

3. Auflage 1969. 111 Abbildungen und
2 Portraits. XV, 235 Seiten
(Heidelberger Taschenbücher,
Band 64)
DM 16,80
ISBN 3-540-04557-0

„...Ein Büchlein, das auch einem interessierten Oberstufenschüler kein „Buch mit 7 Siegeln"ist. Besonders empfehlenswert, weil die darstellende Geometrie in unseren Lehrbüchern – wenn überhaupt! – doch recht stiefmütterlich behandelt wird..."
Archimedes

„...Das Buch von Rehbock hebt sich von den übrigen Publikationen über darstellende Geometrie in verschiedener Hinsicht ab. Der Autor vertritt darin eine darstellende Geometrie mit dem Schwergewicht auf der anschaulich-konstruktiven Seite. Beweise, die aus der darstellenden Geometrie hinausführen würden oder einen größeren Aufwand zur Folge hätten, sind bewußt weggelassen. Das Bestechende an diesem Buch sind die schönen Figuren, die durchwegs in einem angemessenen Format gehalten und von allen entbehrlichen Hilfslinien entlastet sind. Auf diese Weise ist eine optimale Lesbarkeit gewährleistet. Der Verfasser hat zudem das Kunststück fertiggebracht, Text- und Figurenseiten abwechslungsweise aufeinander folgen zu lassen..."
ZAMP

R. Courant, H. Robbins

Was ist Mathematik?

3. Auflage 1973. 287 Abbildungen.
XX, 399 Seiten
DM 39,–
ISBN 3-540-06256-4

„Dieses in erster Auflage schon 1941 erschienene Werk ist ein Buch besonderer Art. Es erfüllt die schwierige Bedingung, gleich anziehend für Fachleute und Nicht-Mathematiker zu sein, indem es zwar keine Vorkenntnisse über die geläufige Schulmathematik hinaus erfordert, aber doch den Leser ebenso behutsam wie direkt bis in die höchsten Stockwerke moderner Mathematik hinaufführt."
Deutsche Hochschullehrer Zeitung

„Alles in allem dürfte das Buch nicht allein dem Leserkreis, für den es in erster Linie gedacht ist, vorzügliche Dienste leisten; auch der angehende und der lehrende Fachmann wird ihm viele Anregungen entnehmen können. Die Ausstattung ist in jeder Beziehung hervorragend."
Jahresberichte der DMV

Preisänderungen vorbehalten

Springer-Verlag
Berlin
Heidelberg
New York

Mathematiker über die Mathematik

Herausgeber: M. Otte
Unter Mitwirkung von H. N. Jahnke, T. Mies, G. Schubring

1974. 28 Abbildungen, 481 Seiten
(Wissenschaft und Öffentlichkeit)
DM 26,–
ISBN 3-540-06898-8

Inhalt:
Vorwort der Herausgeber

Kapitel I. Mathematische Abstraktion und Erfahrung
J. v. Neumann: Der Mathematiker
A. Alexandrow: Mathematik und Dialektik
G. Kreisel: Die formalistisch-positivistische Doktrin der mathematischen Präzision im Lichte der Erfahrung
R. Thom: Die Katastrophen-Theorie

Kapitel II. Methoden und Struktur der Mathematik
N. Bourbaki: Die Architektur der Mathematik
A. Dress: Ein Brief
R. Courant: Die Mathematik in der modernen Welt
M. Atiyah: Wandel und Fortschritt in der Mathematik
E. Brieskorn: Über die Dialektik in der Mathematik

Kapitel III. Probleme der Anwendung von Mathematik
W. Böge: Gedanken über die Angewandte Mathematik
L. Budach: Mathematik und Gesellschaft
F. L. Bauer: Was heißt und was ist Informatik?

Kapitel IV. Mathematische Wissenschaft und Unterricht
R. Thom: 'Moderne' Mathematik – Ein erzieherischer und philosophischer Irrtum?
J. Dieudonné: Sollen wir 'Moderne Mathematik' lehren?
A. Kolmogorov: Die Moderne Mathematik und die Mathematik in der modernen Schule
P. Hilton: Die Ausbildung von Mathematikern heute
F. Hirzebruch: Mathematik, Studium und Forschung
H. Dinges: Spekulationen über die Möglichkeiten Angewandter Mathematik

„…bietet weit mehr als der Titel erkennen läßt. Es enthält von 17 führenden Fachleuten (einer ist Bourbaki) 18 zum Teil noch nicht publizierte Aufsätze…Ein Vorwort des Herausgebers gibt einen guten Überblick. Wesentlich sind die Tiefe und die Vielfalt des Gebotenen: Die bisherigen Antworten auf die Fragen nach Wesen, Struktur und Methoden der Mathematik, nach der Notwendigkeit und den Grenzen des Formalismus, nach der Bedeutung der Intuition u. v. a. werden mit allem Für und Wider ausführlich dargestellt; dasselbe gilt für das Verhältnis der Mathematik zur Erfahrung und zu Anwendungen."
Die Naturwissenschaften

„…Das darin…zum Ausdruck kommende persönliche Engagement der jüngeren Autoren bringt in die ganze Sammlung eine erfreuliche Farbigkeit der Darstellung…
Das Buch wird bereichert durch Abbildungen und Kurzbiographien der meisten Autoren. Es kann allen, die es jetzt oder in Zukunft mit der Lehre der Mathematik zu tun haben, empfohlen werden."
Der mathematische und naturwissenschaftliche Unterricht

Preisänderungen vorbehalten

Springer-Verlag
Berlin
Heidelberg
New York